中等职业教育智能制造类专业系列教材

"1+X"职业技能等级证书——传感网应用开发教材

传感器与传感网技术

CHUANGAN QI
YU
CHUANGAN WANG
JISHU

主　编◎钮长兴　罗丽娇
副主编◎陈　程　潘皓源　胡建华　李宏伟
主　审◎武　新
编　者◎田　园　李金芯　赖　丽

重庆大学出版社

图书在版编目(CIP)数据

传感器与传感网技术 / 钮长兴，罗丽娇主编. --重庆:重庆大学出版社,2021.10
中等职业教育智能制造类专业系列教材
ISBN 978-7-5689-2818-2

Ⅰ.①传… Ⅱ.①钮…②罗… Ⅲ.①无线电通信—传感器—中等专业学校—教材 Ⅳ.①TP212

中国版本图书馆 CIP 数据核字(2021)第 217706 号

传感器与传感网技术
主　编　钮长兴　罗丽娇
副主编　陈　程　潘皓源　胡建华　李宏伟
策划编辑:陈一柳
责任编辑:陈一柳　　版式设计:陈一柳
责任校对:夏　宇　　责任印制:赵　晟
*
重庆大学出版社出版发行
出版人:饶帮华
社址:重庆市沙坪坝区大学城西路 21 号
邮编:401331
电话:(023) 88617190　88617185(中小学)
传真:(023) 88617186　88617166
网址:http://www.cqup.com.cn
邮箱:fxk@cqup.com.cn (营销中心)
全国新华书店经销
重庆市国丰印务有限责任公司印刷
*
开本:787mm×1092mm　1/16　印张:12　字数:292 千
2021 年 10 月第 1 版　　2021 年 10 月第 1 次印刷
ISBN 978-7-5689-2818-2　定价:39.00 元

随着我国经济的持续快速发展，为满足社会人才需求，“传感器与传感网”课程已在越来越多的中职学校中开设。常见的教材要么是理论性太强，学生学习起来感觉枯燥；要么是教材的内容松散，不成体系；要么是教材中的内容与企业的工作岗位联系不紧密，选用的案例不够真实。本书以企业的实际岗位需求为线索，以真实的物联网工程和案例为学习内容，融合了1+X证书“传感网应用开发”和全国职业院校技能竞赛项目“物联网技术应用与维护”的标准，做到了“岗课赛证”融通。学习本教材，学生将能了解物联网技术的发展、传感器的选择、传感网络的搭建，体验到万物互联对国民生活的影响，激发学习兴趣，从而为后续课程的学习奠定基础；通过完成物联网感知层、网络层、应用层的三层架构体系搭建，了解物联网“边缘的智能化、连接的泛在化、服务的平台化、数据的延伸化”的特征；了解物联网技术应用各岗位的工作内容、职业素养，为自己的职业生涯做好规划。

本书可作为物联网技术应用、工业机器人技术应用等智能制造类专业的核心课程教材，也可以作为1+X证书“传感网应用开发”课证融通的教材，对学生的专业学习起到引领性的作用。本书主要面向智能制造产业工作岗位（群）、物联网相关科研机构及企事业单位等面向辅助研发、部品验证、品质检验、产品测试、技术服务、传感网络搭建等岗位。教材内容新、灵活性强、时效性高，主要包括以下内容：项目一是传感器的认识，共4个任务；讲述模拟量、数字量、开关量数据采集工作过程中所需使用的常用传感器及其基本工作原理、基本参数、选用方法；项目二是有线传感网应用搭建，共2个任务，搭建基于RS-485总线的智能安防系统，对火焰和可燃气体进行准确预警；搭建一个基于CAN总线的生产线环境监测系统，监测环境温湿度和火焰数据；项目三是无线传感网应用搭建，共6个任务，介绍CC2530单片机的基本概念、IAR开发环境的运用方法、CC2530单片机的基本组件、GPIO端口的输出控制和输入识别、中断系统和外部中断输入应用、定时/计数器、串口通信、A-D和D-A转换通道运用方法等；项目四是传感网综合创新应用，共4个任务，通过总线通信技术实现养殖基地的环境监测系统、实现仓库安防监测系统、室内光照的监测与控制系统、可燃气体检测的系统。

本书具有的主要特点如下：

1.教材的编写模式新颖

本教材依据教育部《职业院校教材管理办法》，采用“项目+N个任务”的体例设计和基于工作过程的行动导向任务驱动模式编写，设置了“项目目标”“任务描述”“任务目标”“任务实施”“任务练习”“任务评价”“任务小结”等，通过让学生体验实际工作流程并动手实践操作，再通过“知识拓展”的内容使理论的知识实作化，真正实现“做中学”“学中做”。

2.教材的开发体现“岗证赛课”融通

本书的内容和企业的工作岗位、工作内容紧密结合，任务实施选用企业的真实案例，内容与“1+X”证书“传感网应用开发”标准紧密结合，同时融入了全国职业院校技能大赛“物联网技术应用与维护”项目的技术标准，有助于学生做好自己的职业生涯规划，让他们今后能更快地走上工作岗位。

3.教材编写加入企业专家团队

本教材编写过程引入企业专家指导，审核教材内容，让本书符合行业企业标准，更加专业。读者学完本书，将能独立完成传感网络的搭建。

4.教材融入了企业“7S”管理职业素养

在任务实施过程中，任务评价采用了灵活的评价表，增加了企业“7S”管理的职业素养考核内容。

5.教材配套了丰富的资源

本书配套有教案、PPT课件、视频等精品课程资源，便于线上线下混合式教学，助推职业教育的“三教”改革，提升人才培养质量。

本书由重庆市九龙坡职业教育中心钮长兴、罗丽娇担任主编，陈程、潘皓源、胡建华、李宏伟担任副主编，重庆电子工程职业学院武新博士担任主审。其中，陈程、李宏伟编写了项目一，潘浩源编写了项目二，罗丽娇编写了项目三任务1至任务4，田园编写了项目三任务5，李金芯编写了项目三任务6，钮长兴编写了项目四任务1至任务3，胡建华、赖丽编写了项目四任务4。在编写过程中，北京新大陆时代教育科技有限公司、重庆跃途科技有限公司全程参与，并提供了云平台等大量素材。

由于新技术、新产品发展迅速，加之编者水平有限，书中难免有不妥之处，恳请读者批评指正，以便修订时完善。

编　者

2021年1月

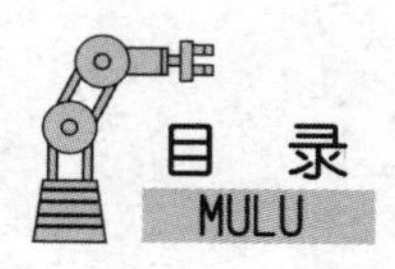
目 录
MULU

▶项目四 传感网综合创新应用

传感器的认识

□知识目标

①掌握模拟量、数字量和开关量传感数据的基本概念；

②理解常用传感器的基本工作原理和参数；

③了解传感数据采集所需的信号处理知识；

④了解传感数据采集样本误差分析和优化所需的数学统计知识。

□技能目标

①能够依据不同工作任务的特点选择常用传感器；

②能够识读传感器的电路原理图和技术手册；

③能够根据需求检测并处理信号；

④能够将采样获得的数据换算成带单位的物理量。

□素养目标

①激发学生的学习兴趣，训练学生良好的操作习惯，培养学生严谨的科学态度。

②培养学生好学向上、积极动手、团结协作、吃苦耐劳等良好品质。

③培养学生的7S职业素养。

任务一　认识模拟量传感器

▶任务描述

模拟量是指在时间和数值上都是连续的物理量。在对光照度和气体浓度进行数据采集时,所输出的信号就是典型的模拟量。在本任务中,以光照度采集和气体浓度采集这两个典型的模拟量传感数据采集为例,讲解在工作过程中所使用常用传感器的基本工作原理、基本参数、选用方法等。以典型器件为例,介绍光照度和气体浓度传感器的核心电路原理图和技术手册中的基本内容。

▶任务目标

①掌握模拟量传感数据的基本概念;

②理解光照传感器的基本工作原理和基本参数;

③理解气敏传感器的基本工作原理和基本参数;

④了解传感数据采集所需的信号处理知识。

▶任务实施

认识传感器

一、认识光敏传感器

1.光电效应

在采集光照度传感数据时,通常使用光敏传感器,而光敏传感器的理论基础是光电效应。光可以认为是由具有一定能量的粒子(称为光子)所组成的,光照射在物体表面上就可看成物体受到一连串的光子轰击,而光电效应就是由于该物体吸收到光子能量后产生的电效应,称为光电效应。光电效应通常可以分为外光电效应、内光电效应和光生伏特效应。在光线的作用下,物体内的电子逸出物体表面向外发射的现象称为外光电效应。基于外光电效应的光电器件有光电管、光电倍增管等。在光线的作用下,电子吸收光子能量从键合状态过渡到自由状态,而引起材料电导率的变化,这种现象被称为内光电效应,又称光电导效应。基于这种效应的光电器件有光敏电阻等。在光线的作用下,能够产生一定方向的电动势的现象称为光生伏特效应。光敏传感器广泛用于导弹制导、天文探测、光电自动控制系统、极薄零件的厚度检测器、光照测量设备、光电计数器、光电跟踪系统等方面。

2.常用光敏传感器

传感器是一种检测装置,它能感受被测量的信息,并能将感受到的信息,按一定规律变换成为电信号或其他所需形式的信息输出,以满足信息的传输、处理、存储、显示、记录和控制等要求。

在本任务中，以光敏二极管型器件、光敏晶体管型器件和光敏电阻型器件为例介绍光敏传感器的基本参数和特性。

（1）光敏二极管型器件

光敏二极管所利用的是光生伏特效应。按材料分，光敏二极管有硅光敏二极管、砷化镓光敏二极管、锑化铟光敏二极管等；按结构分，有同质结光敏二极管与异质结光敏二极管。其中最典型的是同质结硅光电二极管。光敏二极管的结构与普通二极管相似，是一种利用PN结单向导电性的结型光电器件。光敏二极管的PN结装在管的顶部，可以直接受到光照射，光敏二极管在电路中一般是处于反向工作状态。在不接受光照射时，光敏二极管处于截止状态；在接受光照射时，光敏二极管处于导通状态。具体而言，光敏二极管在没有光照射时，只有少数载流子在反向偏压的作用下，渡越阻挡层形成微小的反向电流（也称暗电流），因此反向电阻很大而反向电流很小，光敏二极管处于截止状态；光敏二极管在接受光照射时，PN结附近受光子轰击，吸收其能量而产生电子-空穴对，从而使P区和N区的少数载流子浓度大大增加，因此在外加反向偏压和内电场的作用下，P区的少数载流子渡越阻挡层进入N区，N区的少数载流子渡越阻挡层进入P区，从而使通过PN结的反向电流大为增加，这就形成了光电流，且光电流与照度之间能够基本呈线性。

（2）光敏晶体管型器件

光敏晶体管多指光敏三极管，它与普通晶体三极管相似，具有电流放大的作用，不同的是它的本体上有一个光窗，集电结处集电极电流不只受基极电路控制，同时也受到光辐射的控制。光敏晶体管的引脚有三根引线的，也有两根引线的，通常两根引线的是基极不引出的光敏晶体管。光敏三极管也分NPN和PNP两种管型，以NPN型为例，光敏晶体管工作时，集电结反向偏置，发射结正向偏置，无光照时，仅有很小的穿透电流流过，当有光照到集电结上时，在内建电场的作用下，将形成很大的集电极电流。在原理上，光敏晶体管实际上相当于一个由光电二极管与普通晶体管结合而成的组合件。相比较而言，光敏二极管的光照特性的线性较好，而光敏晶体管在照度低时光电流随照度的增加较小，且在强光照时又趋于饱和，所以只有在某一段光照范围内线性较好。

（3）光敏电阻型器件

光敏电阻所利用的是内光电效应，即在光线作用下，电子吸收光子能量从键合状态过渡到自由状态所引起的材料电导率变化，从而引起电阻器的阻值随入射光线的强弱变化而变化。在内光电效应的作用下，若光电导体为本征半导体材料，当外部光照能量变强时，光导材料价带上的电子将激发到导带上去，从而使导带的电子和价带的空穴增加，致使光导体的电导率变大。因此，光敏电阻的电阻值随入射光照强度的变化而变化。通常，光敏电阻器都制成薄片结构，以便吸收更多的光能。当它受到光的照射时，半导体片（光敏层）内就激发出电子-空穴对，参与导电，使电路中电流增强。为了获得高的灵敏度，光敏电阻的电极常采用梳状结构。常用光敏电阻器的结构如图1-1所示。

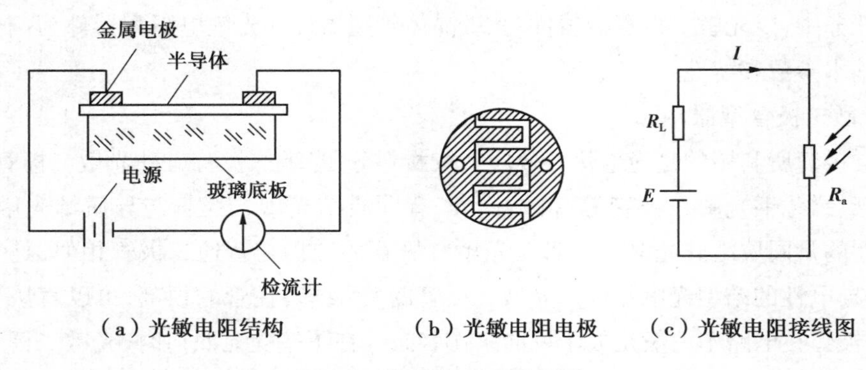

图 1-1　光敏电阻器结构图

光敏电阻器通常由光敏层、玻璃基片（或树脂防潮膜）和电极等组成。光敏电阻器在电路中用字母“R”或“RS”“RC”表示。

光敏电阻的主要参数：

• 光电流、亮电阻：光敏电阻器在一定的外加电压下，当有光照射时，流过的电流称为光电流，外加电压与光电流之比称为亮电阻，常用“100LX”表示。

• 暗电流、暗电阻：光敏电阻在一定的外加电压下，当没有光照射的时候，流过的电流称为暗电流。外加电压与暗电流之比称为暗电阻，常用“0LX”表示。

• 灵敏度：光敏电阻不受光照射时的电阻值（暗电阻）与受光照射时电阻值（亮电阻）的相对变化值。

• 光谱特性：光谱响应曲线如图 1-2 所示。从图中可以看出，光敏电阻对入射光的光谱具有选择作用，即光敏电阻对不同波长的入射光有不同的灵敏度。

• 光照特性：硫化镉光敏电阻的光照特性曲线如图 1-3 所示。从图中可以看出，随着光照强度的增加，光敏电阻的阻值开始迅速下降，相应的电流会增大。若进一步增大光照强度，则电阻值变化减小，然后逐渐趋向平缓。在大多数情况下，该特性是非线性的。

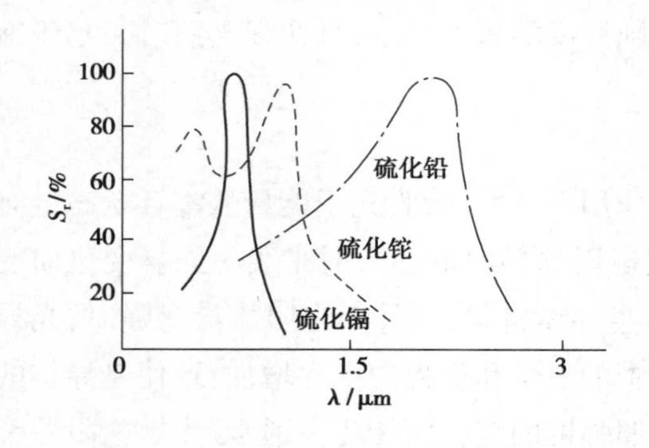

图 1-2　不同材料光敏电阻的光谱特性

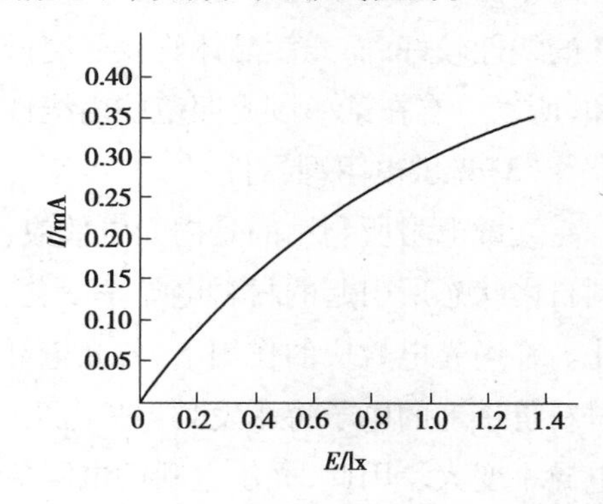

图 1-3　硫化镉光敏电阻的光照特性

3.典型器件举例

本任务以 GB5-A1E 光敏传感器为例（图 1-4），介绍其具体特性。

图 1-4 GB5-A1E 光敏传感器

（1）基本特性

- 一种环境光强度变化与输出电流成正比的光敏传感器；
- 稳定性好，一致性强，实用性高；
- 对可见光的反应近似于人眼；
- 工作温度范围广。

（2）典型应用

- 背光调节：电视机、电脑显示器、手机、数码相机、MP4、PDA、车载导航；
- 节能控制：红外摄像机、室内广告机、感应照明器具、玩具；
- 仪表、仪器：测量光照度仪器以及工业控制。

（3）额定参数

额定参数 $T_a=25$ ℃，见表 1-1。

表 1-1 GB5-A1E 光敏传感器额定参数（$T_a=25$ ℃）

参数名称	符号	额定值	单位
反击穿电压	$V_{(BR)}/V_{CEO}$	30	mA
正向电流	I_{CM}	30	μA
最大功耗	P_{CM}	50	mW
工作温度范围	T opr.	-40~85	℃
储存温度	$T_{stg.}$	-40~100	℃
工作温度	T_{amb}	-25~70	℃
焊接温度	T_{sol}	260	℃

（4）光电参数

光电参数 $T_a=25$ ℃，见表 1-2。

表 1-2　GB5-A1E 光敏传感器光电参数($T_a = 25$ ℃)

参数名称		符号	测试条件	最小值	典型值	最大值	单位
暗电流		I_{drk}	0 Lux, $V_{dd} = 10$ V	—	—	0.2	μA
亮电流		I_{ss}	$V_{dd} = 5$ V, 10 Lux, $R_{ss} = 1$ kΩ	2	4	8	μA
			$V_{dd} = 5$ V, 100 Lux, $R_{ss} = 1$ kΩ	20	40	80	
感光光谱		λ	—	—	880	1 050	nm
响应速度	上升	t_r	$V_{dd} = 10$ V, $I_{ss} = 5$ mA, $R_L = 100$ Ω	—	4	—	μs
	下降	t_f		—	4	—	μs

(5)光电流测试

光电流测试方法如图 1-5 所示(光电流$=V_{out}/R_{ss}$)。

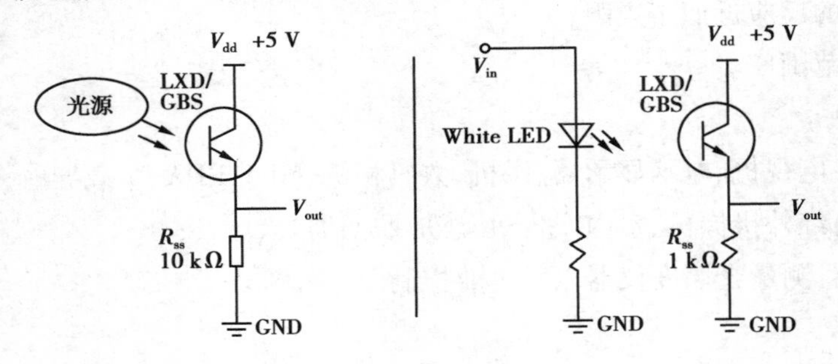

图 1-5　光电流测量方法图

(6)光谱响应曲线

光谱响应曲线如图 1-6 所示,图中横坐标为波长(nm)。从图中可以看出,该光敏传感器对入射光的光谱具有选择作用,即该光敏传感器对不同波长的入射光有不同的灵敏度。

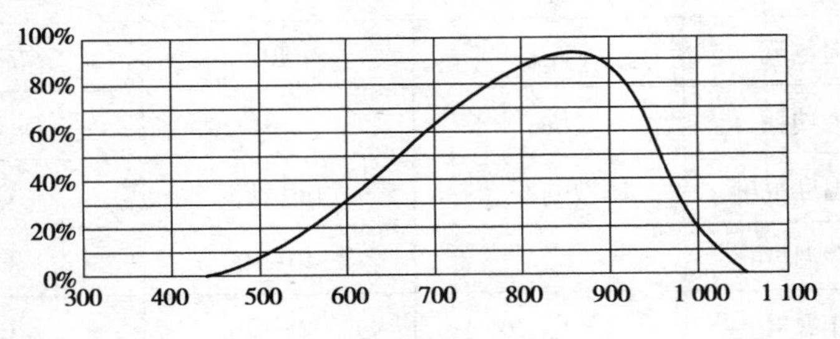

图 1-6　光谱响应曲线

(7)光照特性曲线

光照特性曲线如图 1-7 所示。从图中可以看出,该光敏传感器输出的光电流随光照度的变化而变化,而只有在有效工作区域内时,光电流才与光照强度基本呈现为线性关系。

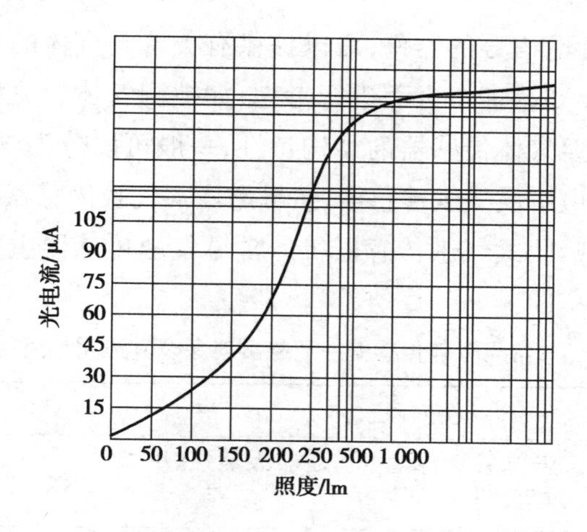

图 1-7　光照特性曲线图

典型的光照传感电路如图 1-8 所示。当外部光照较强时，光敏二极管（GB5-A1E）产生的光电流较大，输出电压较高；当外部光照变暗时，光敏二极管所产生的光电流变小，输出电压变低。输出电压送至相应模块的模数转换接口（J2 的 10 号口），可以将光照传感电路采集的模拟量信号转换为对应的数字量。

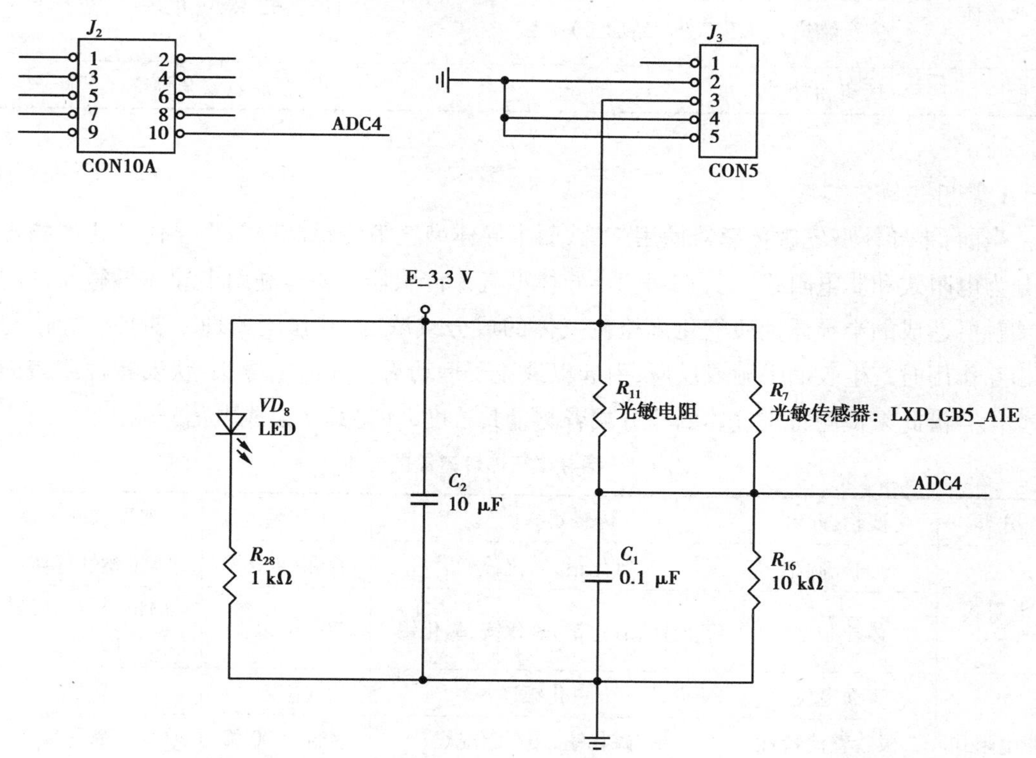

图 1-8　光照传感电路图

二、认识气敏传感器

在采集气体浓度传感数据时，通常使用气敏传感器。气敏传感器是一种把气体中的特定成分检测出来并转换为电信号的器件，可以提供有关待测气体的存在性及浓度信息。在选用气敏传感器时通常需要从多个方面进行考虑，如被测气体的灵敏度、气体选择性、光照稳定性、响应速度等。按照气体传感器的结构特性，一般可以分为半导体型气敏传感器、电化学型气敏传感器、固体电解质气敏传感器、接触燃烧式气敏传感器、光化学型气敏传感器、高分子气敏传感器、红外吸收式气敏传感器等。常见气敏传感器主要检测对象及其应用场所见表1-3。

表1-3 常见气敏传感器主要检测对象及其应用场所举例

分类	检测对象气体	应用场合
易燃易爆气体	液化石油气、焦炉煤气、发生炉煤气、天然气、甲烷、氢气	家庭、煤矿、冶金、试验室
有毒气体	一氧化碳（不完全燃烧的煤气）、硫化氢、含硫的有机化合物卤素、卤化物、氨气等	煤气灶、石油工业、制药厂、冶炼厂、化肥厂
环境气体	氧气（缺氧）、水蒸气（调节湿度，防止结露）、大气污染	地下工程、家庭、电子设备、汽车、温室、工业区
工业气体	燃烧过程气体控制、调节空燃比、一氧化碳（防止不完全燃烧）、水蒸气（食品加工）	内燃机、锅炉、冶炼厂、电子灶
其他	烟雾、酒精	火灾预报、安全预警

1.常用气敏传感器

当前，半导体型气敏传感器使用广泛，而半导体型气敏传感器按照半导体变化的物理特性分为电阻式和非电阻式，见表1-4。半导体型气体传感器主要是利用半导体气敏元件同气体接触所造成的半导体性质变化来检测气体的成分或浓度，其作用原理主要是半导体与气体相互作用时产生表面吸附或反应，引起以载流子运动为特征的电导率、伏安特性或表面电位变化。借此来检测特定气体的成分或者测量其浓度，并将其变换成电信号输出。

表1-4 半导体气体传感器的分类

分类	主要物理特性	传感器举例	工作温度	典型被测气体
电阻式	表面控制型	氧化银、氧化锌	室温～450 ℃	可燃性气体
	体控制型	氧化钛、氧化钴、氧化镁、氧化锡	700 ℃以上	酒精、氧气、可燃性气体
非电阻式	表面电位	氧化银	室温	硫醇
	二极管整流特性	铂/硫化镉、铂/氧化钛	室温～200 ℃	氢气、一氧化碳、酒精
	晶体管特性	铂栅 MOS 场效应晶体管	150 ℃	氢气、硫化氢

（1）电阻型气敏器件

电阻型气敏器件按结构可分为烧结型、薄膜型和厚膜型三种。其中，烧结型气敏器件通常使用直热式和旁热式两类工艺(图 1-9、图 1-10),其常用制作工艺是将一定配比的敏感材料及掺杂剂等以水或黏合剂调和并均匀混合,然后埋入加热丝和测量电极再用传统的制陶方法进行烧结。烧结型气敏器件结构、制造工艺简单,但存在热容量小且易受环境气流的影响、测量电路和加热电路之间易于相互干扰、加热丝易与材料接触不良等缺点。

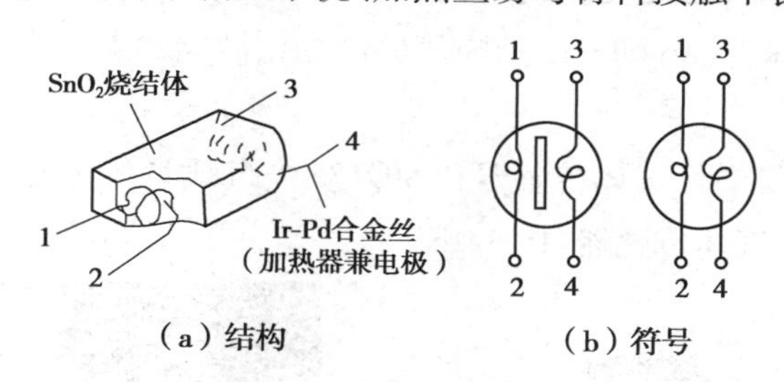

图 1-9　直热式电阻型气敏器件

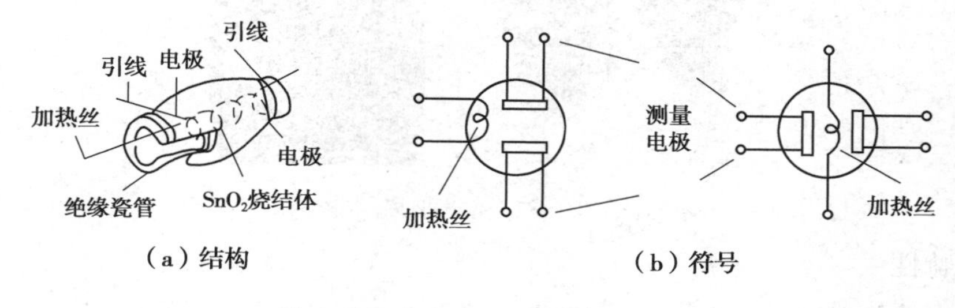

图 1-10　旁热式电阻型气敏器件

薄膜型气敏器件(图 1-11)的制作先处理基片,焊接电极,再采用蒸发或溅射方法在基片上形成一薄层氧化物半导体薄膜。薄膜型气敏器件通常具有较高的机械强度,而且具有互换性好、产量高、成本低等优点。厚膜型气敏器件(图 1-12)通常一致性较好,机械强度高,适于批量生产。

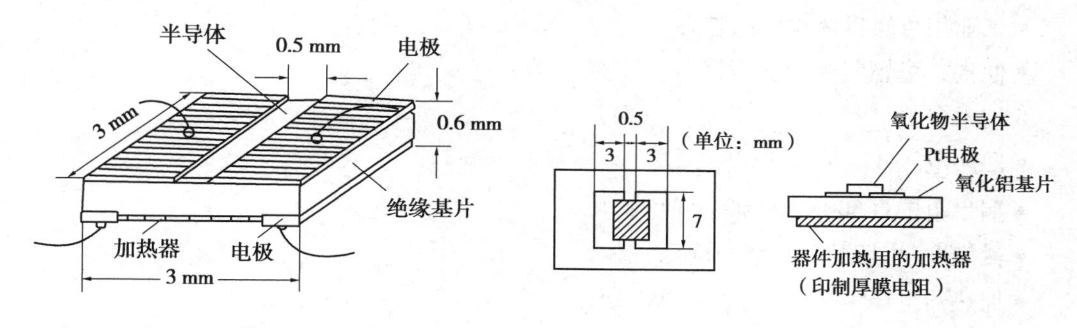

图 1-11　薄膜型器件结构

图 1-12　厚膜型器件的结构

以上三种气敏器件都附有加热器。在实际应用时,加热器能使附着在测控部分上的油雾、尘埃等烧掉,同时加速气体的吸附,从而提高了器件的灵敏度和响应速度,一般加热到 200~400 ℃,具体温度视所掺杂质不同而不同。

(2)非电阻型气敏器件

非电阻型气敏器件可以分为二极管气敏传感器、MOS 二极管气敏器件和 MOSFET 气敏器件三种。其中,二极管气敏传感器是一种利用了所吸附的特定气体对半导体的禁带宽度

(反映了价电子被束缚强弱程度的一个物理量,也就是产生本征激发所需要的最小能量)或金属的功函数(表示一个起始能量为费米能级的电子由金属内部逸出到真空中所需最小能量)的影响所导致的整流特性变化所制成的气敏器件;MOS 二极管气敏器件是一种利用 MOS 二极管的电容-电压特性的变化制成的 MOS 半导体气敏器件;MOSFET 气敏器件是一种利用 MOS 场效应晶体管(MOSFET)的阈值电压变化做成的半导体气敏器件。

2.典型器件举例

本单元以 TGS813 可燃性气体传感器和 MQ135 空气质量传感器为例,介绍具体特性。

(1)TGS813 可燃性气体传感器(图 1-13)

图 1-13 TGS813 可燃性气体传感器

①基本特性

- 驱动电路简单;
- 寿命长,功耗低;
- 对甲烷、乙烷、丙烷等可燃气体的敏感度高。

②典型应用

- 家庭用泄漏气体检测报警器;
- 工业用可燃气体检测报警器;
- 便携式可燃气体检测报警器。

③技术参数

- 回路电压 V_C:最大 24 V;
- 测量范围:$(500\sim10\ 000)\times10^{-6}$;
- 灵敏度(电阻比):0.55~0.65;
- 加热器电压 V_H:5 V±0.2 V(AC/DC)。

TGS813 可燃性气体传感器测试电路如图 1-14 所示,共有 6 个引脚,其中引脚 1 和引脚 3 短路后接回路电压;引脚 4 和引脚 6 短接后作为传感器的信号输出端;引脚 2 和引脚 5 为传感器加热丝的两端,外接加热丝电压。加热器电压 V_H 用于加热,回路电压 V_C 则是用于测定负载电阻 R_L 上的两端电压 V_{RL}。随着待测气体浓度的变化,1 和 4 脚之间的阻抗随之发生变化,从而通过负载电阻 R_L 引起 V_{RL} 的变化,因此可以通过测量 V_{RL} 来检测待测气体的浓度。

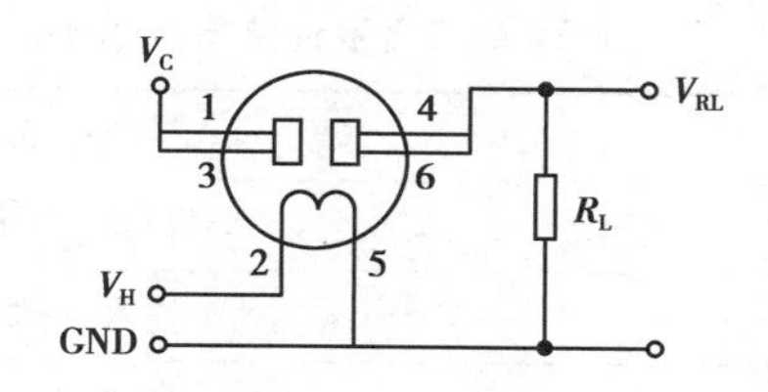

图 1-14　TGS813 可燃性气体传感器测试电路图

（2）MQ135 空气质量传感器（图 1-15）

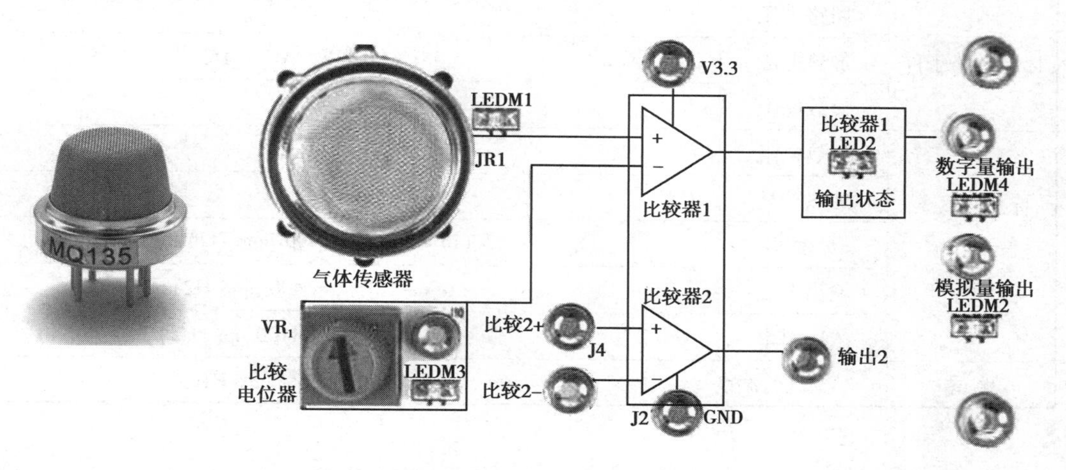

图 1-15　MQ135 空气质量传感器

MQ135 空气质量传感器所使用的气敏材料是在清洁空气中电导率较低的二氧化锡。当传感器所处环境中存在污染气体时，传感器的电导率随空气中污染气体浓度的增加而增大。使用简单的电路即可将电导率的变化转换为与该气体浓度相对应的输出信号。

①基本特性

- 驱动电路简单；
- 寿命长，功耗低；
- 对氨气、硫化物、苯系蒸气的灵敏度高，对烟雾和其他有害气体的监测也较为有效。

②典型应用

- 空气质量检测报警器；
- 工业有害气体检测报警器；
- 空气清新机、换气扇控制、脱臭器控制等。

③技术参数

MQ135 空气质量传感器技术参数见表 1-5。

表 1-5　MQ135 空气质量传感器技术参数表

产品型号			MQ135
产品类型			半导体气体传感器
标准封装			胶木,金属罩
检测气体			氨气、硫化物、苯系蒸气
检测浓度			10～1 000 ppm(氨气、甲苯、氢气、烟)
标准电路条件	回路电压	V_C	≤24 V DC
	加热电压	V_H	5.0 V±0.1 V　AC or DC
	负载电阻	R_L	可调
标准测试条件下气敏元件特性	加热电阻	R_H	29 Ω±3 Ω(室温)
	加热功耗	P_H	≤950 mW
	灵敏度	S	R_s(in air)/R_s(in 400 ppm H2)≥5
	输出电压	V_S	2.0 V～4.0 V(in 400 ppm H2)
	浓度斜率	α	≤0.6(R400 ppm/R100 ppm H2)
测试	温度、湿度		20 ℃±2 ℃;55%±5%RH

MQ135 空气质量传感器测试电路如图 1-16 所示,该传感器需要施加两个电压:加热器电压(V_H)和测试电压(V_C)。其中 V_H 用于为传感器提供特定的工作温度,可用直流电源或交流电源。V_{RL}是传感器串联的负载电阻(R_L)上的电压。V_C 是为负载电阻 R_L 提供测试的电压,必须用直流电源。

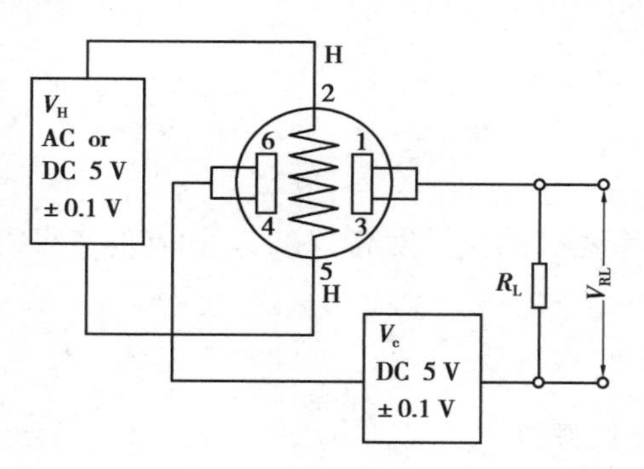

图 1-16　MQ135 空气质量传感器测试电路图

TGS813 可燃性气体传感器和 MQ135 空气质量传感器的工作电路原理较为相似,其典型电路如图 1-17 所示。1、3 脚受空气中相关气体浓度的影响输出相应的电压信号,该点既可以作为 LM393 中比较器 1 的正端(3 脚)输入电压,也可以直接送至其他模块的模数转换接口,转换为相应的数字量,并进一步对该传感数据进行定量分析。采集电位器(VR_1)调节端的电压作为比较器 1 负端(2 脚)输入电压。比较器 1 根据两个电压的情况进行对比,输出端(1 脚)输出相应的电平信号。调节 VR_1,即调节比较器 1 负端的输入电压,设置对应的气体浓度灵敏度，即阈值电压。当气体正常或有害气体浓度较低时，传感器的输出电压小于阈值电压，比较器1脚输出为低电平电压；当出现有害气体（液化气等）且浓度超过阈值时，传感器的输出电压增大，增大到大于阈值电压时，比较器1脚输出为高电平。比较器1的输出信号实际上是一种开关量传感数据（详见后续章节的介绍），可以送至其他微控制器的输入口进行识别以实现定性分析，或者连接其他模块的输入电路以实现控制功能（如继电器）。其他型号电阻型气体传感器（如TGS2602、MQ-2）的工作原理大同小异，分别提供加热和测试电压，对输出的电压进行模数转换后再换算成相应的浓度值，或者将输出的模拟电压通过比较器电路实现开关量输出。

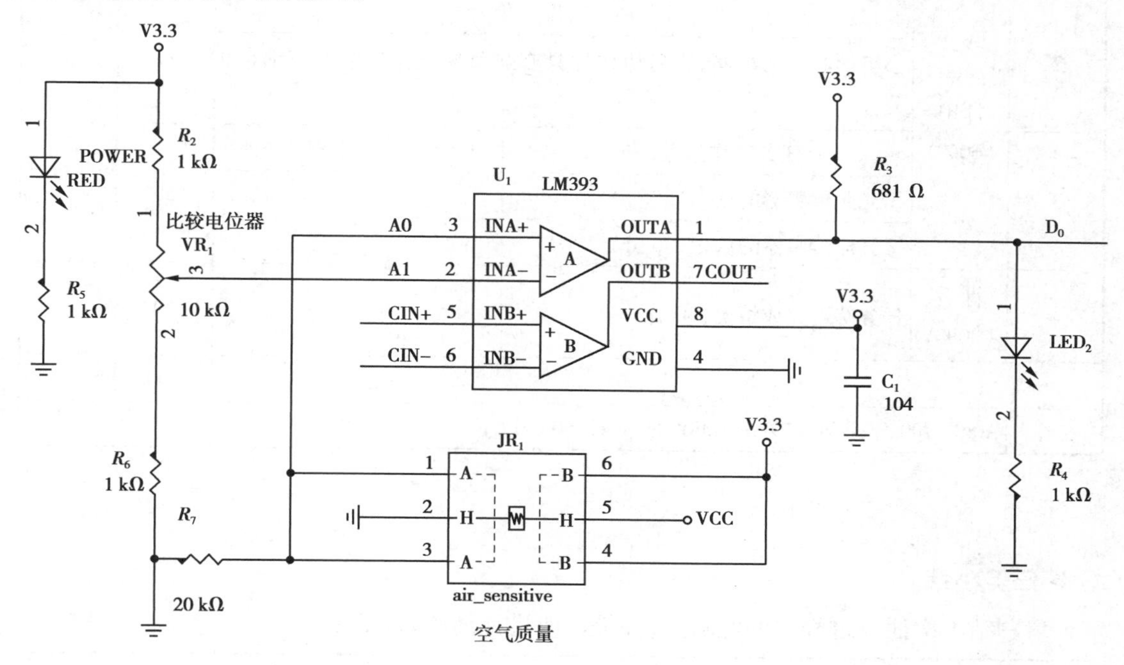

图 1-17　气体传感电路图

▶任务练习

1.下列说法中，不正确的是（　　）。

A.气体传感器既可作为模拟量传感器，也可作为开关量传感器

B.光敏传感器既可作为模拟量传感器，也可作为开关量传感器

C.声音传感器只能作为开关量传感器

D.红外传感器既可作为模拟量传感器，也可作为开关量传感器

2.光敏电阻的测光原理是（　　）。

A.外光电效应

B.内光电效应

C.光生伏特效应

D.电阻应变效应

▶任务评价

<table>
<tr><td colspan="2">班级</td><td colspan="4"></td><td>姓名</td><td></td></tr>
<tr><td colspan="2">学习日期</td><td colspan="4"></td><td>等级</td><td></td></tr>
<tr><td>序号</td><td>时段</td><td colspan="4">任务准备过程</td><td>分值/分</td><td>得分/分</td></tr>
<tr><td>1</td><td>课前
（10%）</td><td colspan="4">①按照 7S 标准着装规范、入场有序、工位整洁（5 分）
②实训平台、耗材、工具、学习资讯等准备（5 分）</td><td>10</td><td></td></tr>
<tr><td rowspan="2">2</td><td rowspan="5">课中
（60%）</td><td colspan="4">情感态度评价</td><td rowspan="2">10</td><td rowspan="2"></td></tr>
<tr><td colspan="4">小组学习氛围浓厚，沟通协作好具有文明规范操作职业习惯（10 分）</td></tr>
<tr><td rowspan="3">3</td><td>任务工作过程评价</td><td>自评</td><td>互评</td><td>师评</td><td rowspan="3">50</td><td rowspan="3"></td></tr>
<tr><td>①光照传感器的认识（25 分）</td><td></td><td></td><td></td></tr>
<tr><td>②气体传感器的认识（25 分）</td><td></td><td></td><td></td></tr>
<tr><td>4</td><td>课后
（30%）</td><td>任务练习完成情况（30 分）</td><td></td><td></td><td></td><td>30</td><td></td></tr>
<tr><td colspan="6">总分</td><td>100</td><td></td></tr>
<tr><td>备注</td><td colspan="7">A.80~100 分；B.70~79 分；C.60~69 分；D.60 分以下</td></tr>
</table>

▶任务小结

请总结本次任务过程中的优缺点，并提出改进计划，写入下表。

完成事项	优点	存在问题	改进计划
任务实施			
任务练习			
其他			

任务二　认识数字量传感器

▶任务描述

数字量是与模拟量相对应的一种物理量，通常用一组由 0 和 1 组成的二进制代码串表示某个信号的大小。数字量的特征是其变化在时间上和数值上都是不连续的(离散),其数值变化都是某一个最小数量单位的整数倍。在利用相应传感器对温度、湿度进行数据采集时,所输出的信号就是典型的数字量。在本任务中,以温度、湿度这两个典型的数字量传感数据采集为例,讲解工作过程中所用常用传感器的基本工作原理和基本参数,及其选用方法。然后,以典型器件为例,介绍温度、湿度传感器的核心电路原理图和技术手册中的基本内容。

▶任务目标

①掌握数字量传感数据的基本概念;

②理解温度传感器的基本工作原理和基本参数;

③理解湿度传感器的基本工作原理和基本参数;

④了解传感数据采集所需的信号处理知识。

▶任务实施

一、认识温度传感器

在采集温度传感数据时,通常使用温度传感器,温度传感器能感知物体温度并将非电学的物理量转换为电学量。温度传感器是通过物体随温度变化而改变某种特性来进行间接测量的,依据其工作原理可以分为多类,如利用体积热膨胀可制成气体温度器件、水银温度器件、有机液体温度器件、双金属温度器件、液体压力温度器件、气体压力温度器件等;利用电阻变化可制成铂测温电阻、热敏电阻等;利用温差电现象可制成热电偶等;利用导磁率变化可制成热敏铁氧体等;利用压电效应可制成石英晶体振动器等;利用超声波传播速度变化可制成超声波温度器件等;利用晶体管特性变化可制成晶体管半导体温度传感器等;利用可控硅动作特性变化可制成可控硅温度器件等;利用热、光辐射可制成辐射温度器件、光学高温器件等。

温度传感器按测量方式可分为接触式和非接触式两大类。接触式温度传感器通过与被测物体接触进行温度测量,由于被测物体的热量传递给传感器,降低了被测物体的温度,特别是被测物体热容量较小时,热损失相对较大,所以测量精度较低。因此采用这种方式来测物体真实温度的前提条件是被测物体的热容量要足够大。非接触式温度传感器主要是利用被测物体热辐射发出红外线,从而测量物体的温度。非接触式温度传感器的制造成本较高,测量精度较低,其优点在于不从被测物体上吸收热量,因而不会干扰被测对象的温度场。温度传感器广泛用于温度测量与控制、温度补偿等,温度传感器的数量在各类传感器中占据了较大比重。

1.常用温度传感器

(1)热敏电阻

热敏电阻是一种电阻值随温度变化的半导体传感器。它的温度系数很大,比温差电偶和线绕电阻测温元件的灵敏度高几十倍，适用于测量微小的温度变化。热敏电阻体积小、热容量小、响应速度快，能在空隙和狭缝中测量。它的阻值高，测量结果受引线的影响小，可用于远距离测量。同时，它的过载能力强，成本低廉。但热敏电阻的阻值与温度为非线性关系，所以它只能在较窄的范围内用于精确测量。热敏电阻在一些精度要求不高的测量和控制装置中得到广泛应用。

使用热敏电阻制成的探头有珠状、棒杆状、片状和薄膜等形式，封装外壳多用玻璃、镍和不锈钢管等套管结构，如图 1-18 所示为热敏电阻的结构图和部分常用热敏电阻的实物图。

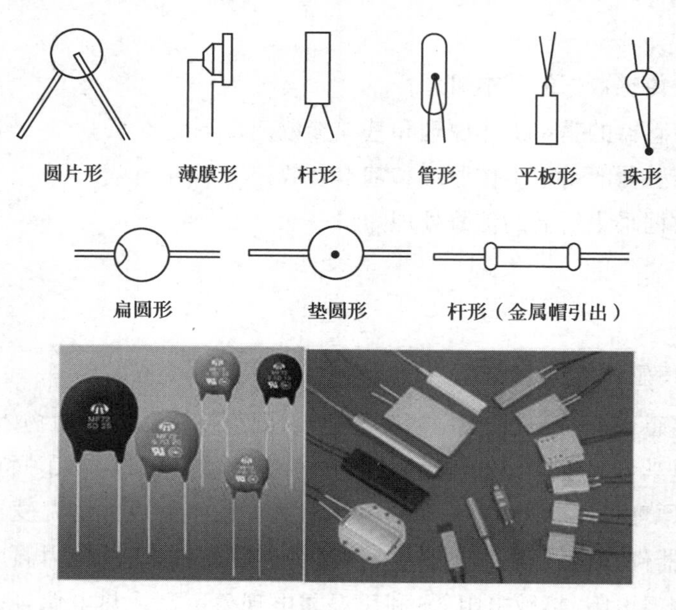

图 1-18　热敏电阻的结构图与部分常用热敏电阻实物图

热敏电阻的温度特性是指半导体材料的电阻值随温度变化而变化的特性。热敏电阻按电阻温度特性分为负温度系数热敏电阻、正温度系数热敏电阻和临界负温度系数热敏电阻。负温度系数热敏电阻（Negative Temperature Coefficient，NTC）泛指负温度系数很大的半导体材料或元器件。NTC 热敏电阻是一种典型具有温度敏感性的半导体电阻，它的电阻值随着温度的升高呈线性减小。它通常以锰、钴、镍和铜等金属氧化物为主要材料，采用陶瓷工艺制造而成。上述金属氧化物材料都具有半导体性质：在温度变低时其中的载流子（电子和空穴）数目少，所以其电阻值较高；随着温度的升高，载流子数目增加，所以电阻值降低。正温度系数热敏电阻（Positive Temperature Coefficient，PTC）泛指正温度系数很大的半导体材料或元器件。PTC 热敏电阻是一种典型具有温度敏感性的半导体电阻，超过一定的温度时，它的电阻值随着温度的升高呈阶跃性的增高。它一般采用陶瓷工艺成形、高温烧结，其温度系数随成分及烧结条件（尤其是冷却温度）不同而变化。临界温度热敏电阻（Critical Temperature Resistor，CTR）具有负电阻突变特性，即电阻值随温度的增加急剧减小，具有很大的负温度系数。它的构成材料通常是钒、钡、锶、磷等元素氧化物的混合烧结体，其骤变温度随添加锗、钨、钼等的氧化物而变。

从热敏电阻的温度特性曲线图(图 1-19)中可以看出:热敏电阻的温度系数值远远大于金属热电阻,所以具有较高的灵敏度;热敏电阻温度曲线非线性现象十分严重,所以其有效测温范围小于金属热电阻。

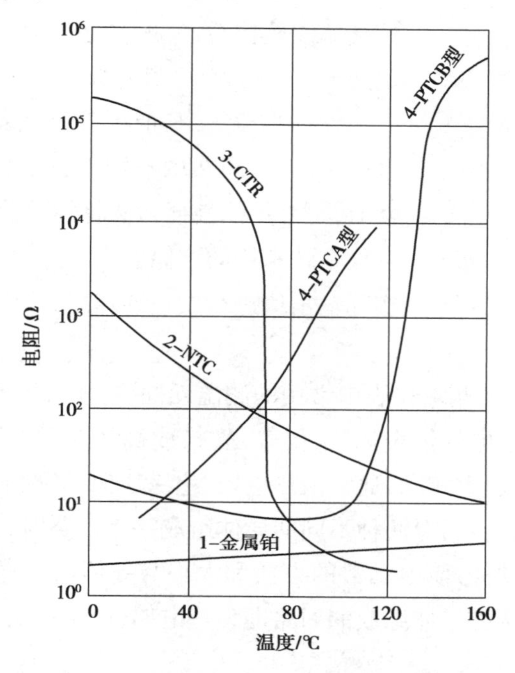

图 1-19　热敏电阻的温度特性曲线图

由于热敏电阻温度曲线非线性严重,为保证一定范围内温度测量的精度要求,应对其进行线性化处理。线性化处理的方法有下面几种。

线性化网络:利用包含有热敏电阻的电阻网络(常称线性化网络)来代替单个的热敏电阻,使网络电阻与温度成单值线性关系,最简单的方法是用温度系数很小的精密电阻与热敏电阻串联或并联构成电阻网络。经处理后的等效电阻与温度的关系曲线会显得比较平坦,因此可以在某一特定温度范围内得到线性的输出特性。图 1-20 展示了一种热敏电阻的线性化网络,可以依据所需要的温度特性,通过计算或图解方法确定网络中的电阻 R_1、R_2 和 R_3。

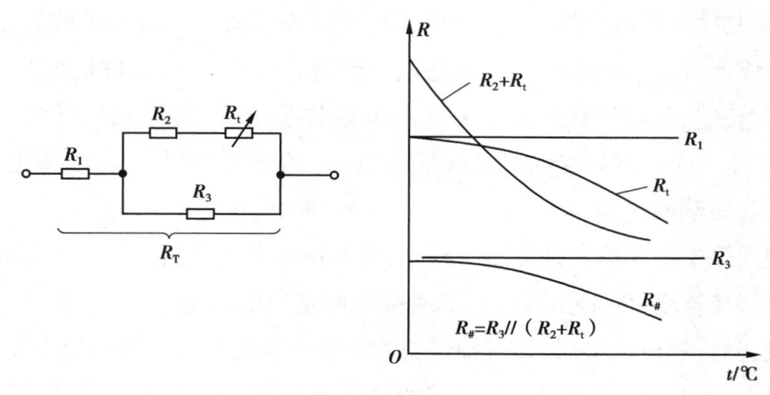

图 1-20　热敏电阻线性化网络示例及对应温度特性曲线

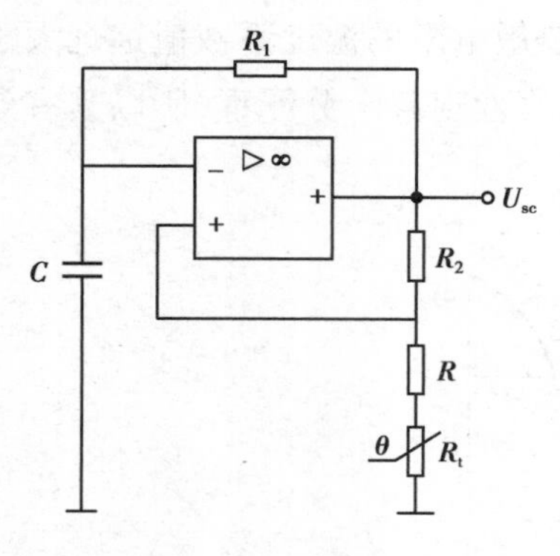

图 1-21 温度-频率转换电路

利用测量装置中其他部件的特性进行修正：利用电阻测量装置中其他部件的特性可以进行综合修正。图1-21中是一个温度-频率转换电路，虽然电容 C 的充电特性是非线性特性，但适当地选取线路中的电阻，可以在一定的温度范围内，得到近似于线性的温度-频率转换特性。

计算修正法：在带有微处理器（或微计算机）的测量系统中，当已知热敏电阻器的实际特性和要求的理想特性时，可采用线性插值法将特性分段，并把各分段点的值存放在计算机的存储器内。计算机将根据热敏电阻器的实际输出值进行校正计算后，给出要求的输出值。

（2）热电偶

热电偶（图 1-22）是温度测量仪表中常用的测温元件，它能直接测量温度，并把温度信号转换成热电动势信号，通过电气仪表（二次仪表）转换成被测介质的温度。各种热电偶的外形虽不相同但基本结构却大致相同，通常由热电极、绝缘套保护管和接线盒等部分组成。热电偶的工作原理可以总结为：当有两种不同的导体组成一个回路时，只要两结点处的温度不同，回路中将产生一个电动势，该电动势的方向和大小与导体的材料及两接点的温度有关。这种现象称为热电效应，两种导体组成的回路即为热电偶，产生的电动势则称为热电动势。

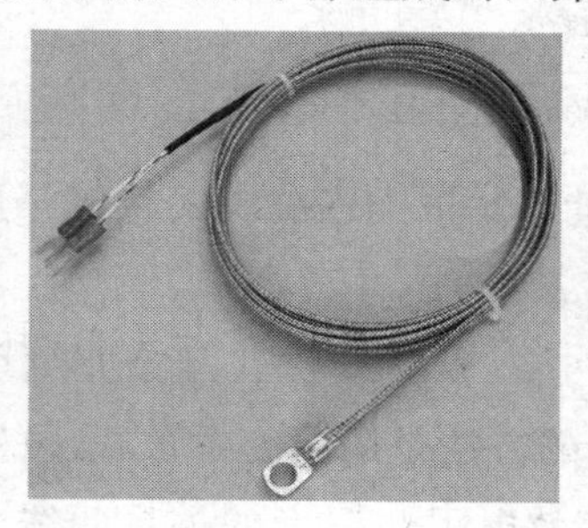

图 1-22 热电偶实物

热电动势由两部分电动势组成，一部分是两种导体的接触电动势，另一部分是单一导体的温差电动势。接触电动势是指当两种不同的导体连接在一起时，由于两者内部的自由电子密度不同，在其接触处就会发生电子的扩散，且电子在两个方向上扩散的速率不相同，从而在接触处形成电位差（即电动势）。接触电动势的大小与导体的材料、接点的温度有关，而与导体的直径、长度、几何形状等无关。温差电动势是指当单一金属导体的两端温度不同时，其两端将产生一个由热端指向冷端的静电场，从而产生的电位差。温差电动势的大小取决于导体材料和两端的温度。

在热电偶回路中接入第三种金属材料时，只要该材料两个接点的温度相同，热电偶所产生的热电势将保持不变，即不受第三种金属接入回路中的影响。因此，在热电偶测温时，可接入测量仪表，测得热电动势后，即可知道被测介质的温度。热电偶测量温度时要求其冷端（测量端为热端，通过引线与测量电路连接的端称为冷端）的温度保持不变，其热电势大小才与测量温度呈一定的比例关系。若测量时，冷端的（环境）温度变化，将严重影响测量的准确性。在冷端采取一定措施，补偿由于冷端温度变化造成的影响称为热电偶的冷端补偿。热电偶输出的电动势只有在冷端温度不变的条件下，才与工作端温度呈单值函数关系。实际应用中，热电偶冷端可能离工作端很近，且又处于大气中，其温度受到测量对象和周围环境温度变化的影响，因而冷端温度难以保持恒定，这样会带来测量误差，因此需要进行冷端温度补偿。常见的有补偿导线法、冷端温度校正法、冷端恒温法、自动补偿法等。

2.典型器件举例

本任务以 SHT11 温湿度传感器（图 1-23）为例，介绍其具体特性。

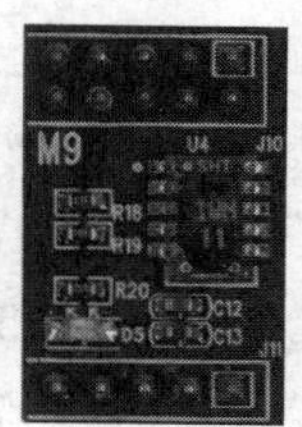

图 1-23　SHT11 温湿度传感器

SHT11 温湿度传感器将温度感测、湿度感测、信号变换、A/D 转换和加热等功能集成到一个芯片上，采用 CMOS 过程微加工技术，具有较高的可靠性和稳定性。该传感器由 1 个电容式聚合体测湿组件和 1 个能隙式测温组件组成，并与 1 个 14 位 A/D 转换器以及 1 个 2-wire 数字接口在单晶片中无缝结合，使得该产品具有功耗低、反应快、抗干扰能力强等优点。这两个测湿、测温组件分别将湿度和温度转换成电信号，该电信号首先进入微弱信号放大器进行放大；然后进入一个 14 位的 A/D 转换器；最后经过二线串行数字接口输出数字信号。SHT11 在出厂前，都会在恒湿或恒温环境中进行校准，校准系数存储在校准寄存器中；在测量过程中，校准系数会自动校准来自传感器的信号。此外，SHT11 内部还集成了一个加热元件，加热元件接通后可以将 SHT11 的温度升高 5 ℃左右，同时功耗也会有所增加。此功能主要是为了比较加热前后的温度和湿度，可以综合验证两个传感器元件的性能。在高湿环境中，加热传感器可预防传感器结露，同时缩短响应时间，提高精度。加热后 SHT11 温度升高、相对湿度降低，较加热前，测量值会略有差异。

（1）基本特性

- 测量相对湿度和温度；
- 全部校准，数字输出；
- 接口简单（2-wire），响应速度快；
- 超低功耗，自动休眠；
- 出色的长期稳定性；
- 超小体积（表面贴装）。

（2）典型应用

- 智能环境监控系统；
- 数据采集器、变送器；
- 计量测试、医药业等。

（3）技术参数

- 全量程标定，两线数字输出；

- 湿度测量范围:0~100%RH;
- 温度测量范围:-40~+123.8 ℃;
- 湿度测量精度:±3%RH;
- 温度测量精度:±0.4 ℃;
- 封装:SMD(LCC)。

SHT11 温湿度传感器的典型工作电路如图 1-24 所示,SHT11 通过二线数字串行接口来访问,所以电路结构较为简单。需要注意的是,DATA 数据线需要外接上拉电阻。时钟线 SCK 用于微处理器和 SHT11 之间通信同步,由于接口包含了完全静态逻辑,所以对 SCK 最低频率没有要求;当工作电压高于 4.5 V 时,SCK 频率最高为 5 MHz,而当工作电压低于 4.5 V 时,SCK 最高频率则为 1MHz。微处理器和温湿度传感器采用串行二线接口 SCK 和 DATA 通信,其中 SCK 为时钟线,DATA 为数据线。该二线串行通信协议和 I2C 协议是不兼容的。程序开始时,微处理器需要用一组"启动传输"时序表示数据传输的启动。当 SCK 时钟为高电平时,DATA 翻转为低电平;紧接着 SCK 变为低电平,随后又变为高电平;在 SCK 时钟为高电平时,DATA 再次翻转为高电平。接着,在发布一组测量命令后,SHT11 通过下拉 DATA 至低电平并进入空闲模式,表示测量结束。随后,外部的微控制器就可以通过 DATA 口读取传感器输出的 2 个字节的测量数据和 1 个字节的 CRC 奇偶校验数据了。

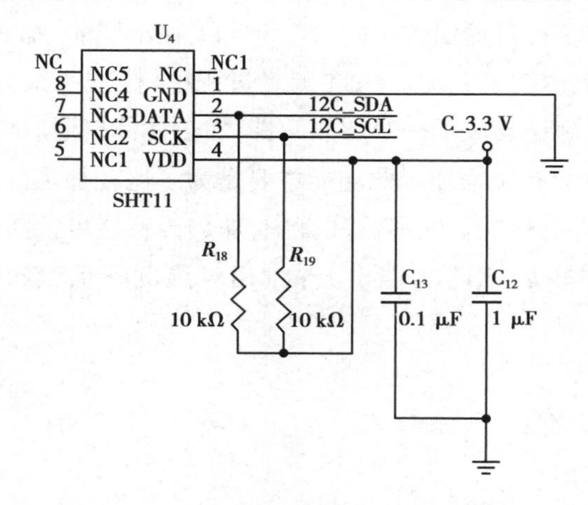

图 1-24 SHT11 温湿度传感器工作电路图

二、认识湿度传感器

在采集湿度传感数据时,通常使用湿度传感器(也称湿敏器件)。湿度传感器是指能够感受外界湿度变化,并通过器件材料的物理或化学性质变化,将非电学的物理量转换为电学物理量的器件。湿度检测与其他物理量的检测相比显得困难,这是因为空气中水蒸气含量要比空气少得多;另外,液态水会使一些高分子材料和电解质材料溶解,一部分水分子电离后与溶入水中的空气中的杂质结合成酸或碱,使湿敏材料不同程度地受到腐蚀和老化,从而丧失其原有的性质;再者,湿信息的传递必须靠水对湿敏器件直接接触来完成,因此湿敏器件只能直接暴露于待测环境中,不能密封。通常,对湿敏器件有下列要求:在各种气体环境下稳定性好、响应时间短、寿命长、有互换性、耐污染和受温度影响小等。

在实际生活中,许多现象与湿度有关,如水蒸发的快慢。然而除了与空气中水蒸气分压有关外,更主要的是和水蒸气分压与饱和蒸汽压的比值有关。因此有必要引入相对湿度的概念。相对湿度为某一被测蒸汽压与相同温度下的饱和蒸汽压的比值百分数,常用“%RH”表示。这是一个无量纲的值。显然,绝对湿度给出了水分在空间的具体含量,相对湿度则给出了大气的潮湿程度,故使用更广泛。湿敏器件主要分为两大类:水分子亲和力型湿敏元件和非水分子亲和力型湿敏器件。利用水分子有较大的偶极矩,易于附着并渗透入固体表面的特性制成的湿敏器件称为水分子亲和力型湿敏器件。非亲和力型湿敏器件利用其与水分子接触产生的物理效应来测量湿度。

1.常用湿度传感器

(1)电解质型湿敏器件

电解质型湿敏器件是利用潮解性盐类受潮后电阻发生变化制成的湿敏器件。最常用的是电解质氯化锂(LiCl)。氯化锂湿敏器件具有滞后误差较小,不受测试环境的风速影响,不影响和破坏被测湿度环境等优点,但因其基本原理是利用潮解盐的湿敏特性,经反复吸湿、脱湿后,会引起电解质膜变形和性能变劣,尤其遇到高湿及结露环境时,会造成电解质潮解而流失,导致元件损坏。

(2)半导体陶瓷型湿敏器件

许多金属氧化物如氧化铝、四氧化三铁、钽氧化物等都有较强的吸脱水性能,将它们制成烧结薄膜或涂布薄膜可制作多种湿敏器件,这种湿敏器件称为金属氧化物膜湿敏器件。将极其微细的金属氧化物颗粒在高温 1 300 ℃下烧结,可制成多孔体的金属氧化物陶瓷,在这种多孔体表面加上电极,引出接线端子就可做成半导体陶瓷型湿敏器件。

(3)高分子材料型湿敏器件

高分子材料型湿敏器件是利用有机高分子材料的吸湿性能与膨润性能制成的湿敏器件。吸湿后介电常数发生明显变化的高分子电介质,可做成电容式湿敏器件。吸湿后电阻值改变的高分子材料,可做成电阻湿敏器件。常用的高分子材料是醋酸纤维素、尼龙和硝酸纤维素等。高分子湿敏器件的薄膜做得极薄,一般约 500 nm,使器件易于很快吸湿与脱湿,减少了滞后误差,响应速度快。这种湿敏器件的缺点是不宜用于含有机溶媒气体的环境,也不能耐 80 ℃以上的高温。

(4)电容式湿敏器件

电容式湿敏器件(图 1-25)是利用湿敏器件的电容值随湿度变化的原理进行湿度测量的传感器,其应用较为广泛。这类湿敏器件实际上是一种吸湿性电介质材料的介电常数随湿度变化而变化的薄片状电容器。吸湿性电介质材料(感湿材料)主要有高分子聚合物(如乙酸-丁酸纤维素、乙酸-丙酸纤维素)和金属氧化物(如多孔氧化铝)等。由吸湿性电介质材料构成的薄片状电容式湿敏器件能测全湿范围的湿度,且线性好,重复性好,滞后小,响应快,尺寸小,通常能在-10~70 ℃的环境温度中使用。

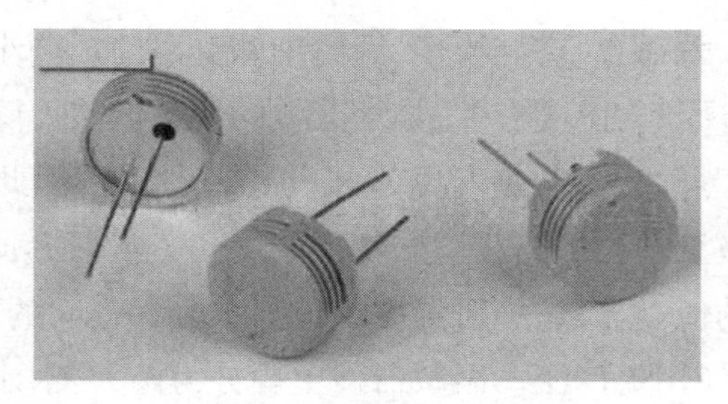

图 1-25　电容式湿敏器件

电容式湿敏器件的结构如图 1-26 所示，在清洗干净衬底上蒸镀一层下电极并在其表面上均匀涂覆（或浸渍）一层感湿膜，然后再在感湿膜的表面上蒸镀一层上电极。由上、下电极和夹在其间的感湿膜构成一个对湿度敏感的平板形电容器。

当环境气氛中的水分子沿着电极的毛细微孔进入感湿膜而被吸附时，湿敏器件的电容值与相对湿度之间成正比关系（图 1-27）。这类电容式湿敏器件的响应速度快，是由于电容器的上电极是多孔的透明金薄膜，水分子能顺利地穿透薄膜，且感湿膜只有一层呈微孔结构的薄膜，因此吸湿和脱湿容易。

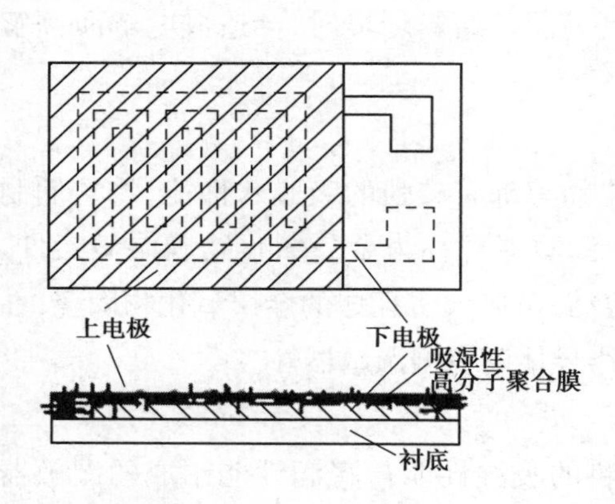

图 1-26　电容式湿敏器件结构图

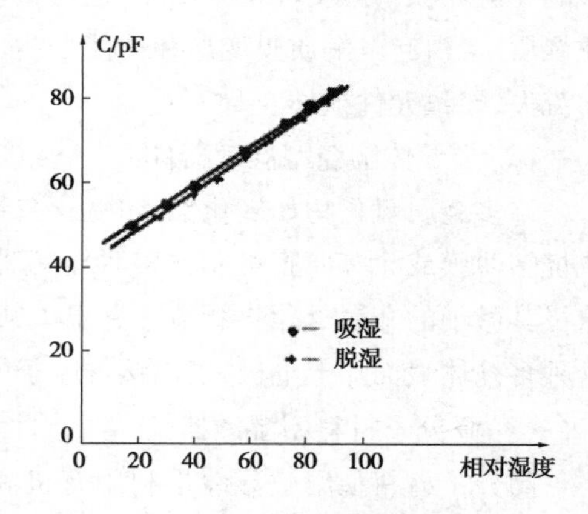

图 1-27　电容式湿敏器件的响应特性图

在一定温度范围内，电容值的改变与相对湿度的改变成正比。但在高湿环境中（相对湿度大于 90%），会出现非线性。为了改善湿度特性的线性度，提高湿敏器件的长期稳定性和响应速度，对氧化铝薄膜表面进行纯化处理（如盐酸处理或在蒸馏水中煮沸等），可以收到较为显著的效果。常用的电容式湿敏器件，其电容量随着所测空气湿度的增加而增大，湿敏电容值的变化转换为与之呈反比的电压频率信号。

2.典型器件举例

在上一节中，已经介绍了 SHT11 温湿度传感器，此处不再赘述。

▶任务练习

以下传感器中能够直接输出数字量信号的是（　　）。

A.MQ135 空气质量传感器　　B.GB5-A1E 光敏传感器

C.TGS813 可燃气体传感器　　D.SHT11 温湿度传感器

▶任务评价

<table>
<tr><td colspan="2">班级</td><td colspan="4"></td><td>姓名</td><td colspan="2"></td></tr>
<tr><td colspan="2">学习日期</td><td colspan="4"></td><td>等级</td><td colspan="2"></td></tr>
<tr><td>序号</td><td>时段</td><td colspan="5">任务准备过程</td><td>分值/分</td><td>得分/分</td></tr>
<tr><td>1</td><td>课前
(10%)</td><td colspan="5">①按照7S标准着装规范、入场有序、工位整洁(5分)
②准备好实训平台、耗材、工具、学习资讯等(5分)</td><td>10</td><td></td></tr>
<tr><td rowspan="2">2</td><td rowspan="5">课中
(60%)</td><td colspan="5">情感态度评价</td><td rowspan="2">10</td><td rowspan="2"></td></tr>
<tr><td colspan="5">小组学习氛围浓厚,沟通协作好具有文明规范操作职业习惯(10分)</td></tr>
<tr><td rowspan="3">3</td><td colspan="2">任务工作过程评价</td><td>自评</td><td>互评</td><td>师评</td><td rowspan="3">50</td><td rowspan="3"></td></tr>
<tr><td colspan="2">①认识温度传感器(25分)</td><td></td><td></td><td></td></tr>
<tr><td colspan="2">②认识湿度传感器(25分)</td><td></td><td></td><td></td></tr>
<tr><td>4</td><td>课后
(30%)</td><td colspan="2">任务练习完成情况(30分)</td><td></td><td></td><td></td><td>30</td><td></td></tr>
<tr><td colspan="7">总分</td><td>100</td><td></td></tr>
<tr><td>备注</td><td colspan="8">A.80~100分;B.70~79分;C.60~69分;D.60分以下</td></tr>
</table>

▶任务小结

请总结本次任务过程中的优缺点,并提出改进计划,写入下表。

完成事项	优点	存在问题	改进计划
任务实施			
任务练习			
其他			

任务三　认识开关量传感器

▶任务描述

开关量传感数据可以对应于模拟量传感数据的“有”和“无”,也可以对应于数字量传感数据的“1”和“0”两种状态，是传感数据中最基本、最典型的一类。在利用相应传感器采集红外信号或声音信号并判定其有无时，所输出的就是典型的开关量。在本任务中，以采集并判定红外信号和声音信号这两个典型的开关量传感数据为例，讲解其工作过程中所用的常用传感器的基本工作原理和基本参数，及其选用方法。然后，以典型器件为例，介绍红外传感器和声音传感器的核心电路原理图和技术手册中的基本内容。

►任务目标

①掌握开关量传感数据的基本概念；
②理解红外传感器的基本工作原理和基本参数；
③理解声音传感器的基本工作原理和基本参数；
④了解传感数据采集所需的信号处理知识。

►任务实施

一、认识红外传感器

在采集红外传感数据时，通常使用红外传感器，而红外传感器是一种能感知目标所辐射的红外信号并利用红外信号的物理性质来进行测量的器件。本质上，可见光、紫外光、红外光及无线电等都是电磁波，它们之间的差别只是波长（或频率）的不同而已。红外信号因其频谱位于可见光中的红光以外，因而称之为红外光。考虑到任何温度高于绝对零度的物体都会向外部空间辐射红外信号，因此红外传感器广泛应用于航空航天、天文、气象、军事、工业和民用等众多领域。

1.常用红外传感器

在本任务中，以槽型、对射型、反光板反射型和人体感应型器件为例介绍红外光电传感器的基本参数和特性。

（1）槽型红外光电传感器

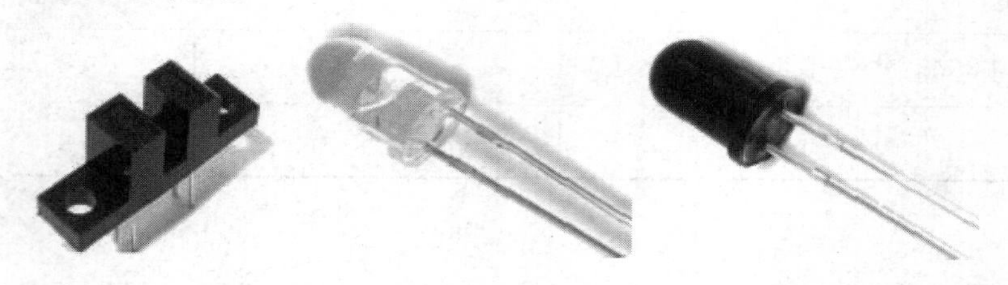

图 1-28 槽型红外光电传感器、红外发射管和红外线接收管

槽型红外光电传感器的槽体内包含一组面对面安放的红外发射管和红外线接收管（图1-28）。在无阻挡情况下，红外发射管发出的红外光能被红外线接收管接收。而当被检测物体从槽中通过时，由于红外光被遮挡，光电开关便输出一个开关控制信号，切断或接通负载电流，从而完成一次控制动作。通常，槽型红外光电传感器的检测距离因为受整体结构的限制一般只有几厘米。

(2)对射型红外光电传感器

对射型红外光电传感器的工作原理类似于槽型红外光电传感器,其区别主要在于加大了红外发射管和红外线接收管之间的距离,又可称为对射分离式红外开关(图 1-29)。对射型红外光电传感器的基本结构是一个发射器和一个接收器,它的检测距离可达几米至几十米。在使用时,可以把发射器和接收器分别装在待检测物需通过路径的两侧,当检测物通过时便会阻挡光路,从而输出一个开关控制信号。

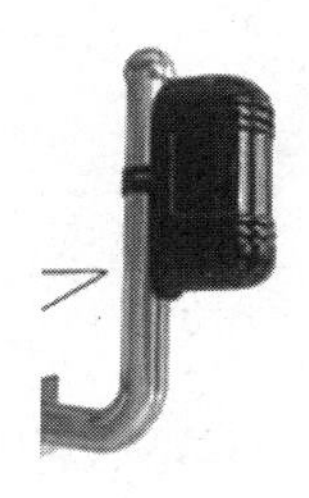

图 1-29　对射型红外光电传感器

(3)反光板反射型红外光电传感器

如果把发射器和接收器装入同一个装置内,并在其前方装一块反光板,利用反射原理完成光电控制作用的器件称为反光板反射型(或反射镜反射式)红外光电传感器(图 1-30)。正常情况下,发光器发出的光被反光板反射回来后又被收光器收到;一旦光路被检测物挡住,收光器收不到光时,光电开关即可输出一个开关控制信号。

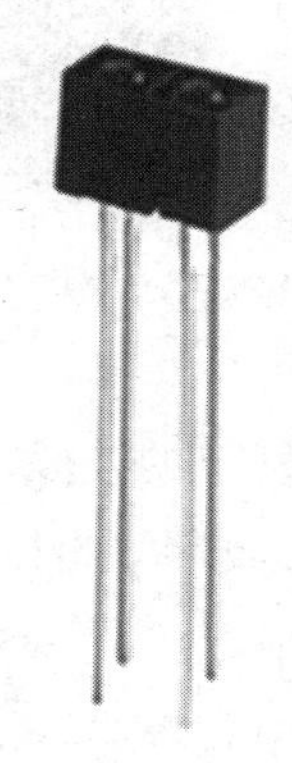

图 1-30　反光板反射型红外光电传感

(4)人体感应型红外传感器

人体感应型红外传感器(图 1-31)可探测人体红外热辐射,主要由透镜、红外热辐射感应器、感光电路和控制电路组成。透镜可以接收人体所发出的具有特定波长的红外信号并增强聚集到感光组件上,这使得感光组件中的热释电元件产生极化压差,触发感光电路发出识别信号,从而达到探测人体的目的。当需要感知运动的人体时,传感器中至少需要使用两个感应器,当感应区域内无运动人体时,两个感应器会检测到相同量的红外热辐射;而当有人体(或具有相似热辐射特征的物体)经过时将导致两个感应器之间的检测量发生变化。人体红外传感器广泛安装于走廊、楼道、化妆室、地下室、仓库、车库等场所,应用在基于人体感应的安防报警、自动照明等智能控制系统。

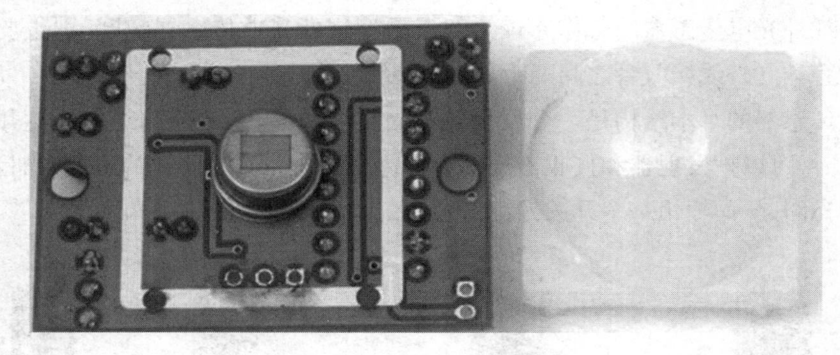

图 1-31　人体感应红外传感器及透镜

2.典型器件举例

本任务以 Flame-1000-D 红外火焰传感器和 HC-SR501 人体感应红外传感器为例,介绍其具体特性。

(1)Flame-1000-D 火焰传感器

Flame-1000-D 火焰传感器如图 1-32 所示。

图 1-32　Flame-1000-D 火焰传感器

①基本特性

- 能够探测火焰发出的波段范围为 700~1 100 nm 的短波近红外线;
- 双重输出组合,数字输出使得系统设计简化,更为简单;模拟输出使得需要高精度的场合使用更为精确。满足不同需求的场合使用;
- 通过调节精密电位器,检测距离能够方便地调节。

②典型应用

红外火焰探测技术是目前火灾及时预警的最佳方案之一,该技术通过探测火焰所发出的特征红外线来预警火灾,比传统感烟式或感温式火灾探测技术响应速度更快。

③技术参数

- 探测波长:700~1 100 nm;
- 探测距离:大于 1.5 m;
- 供电电压:3~5.5 V;
- 数字输出:当检测到火焰时输出高电平,没有检测到火焰时输出低电平;
- 模拟输出:输出端电压随火焰强度的变化而改变。

（2）HC-SR501 人体感应红外传感器

HC-SR501 人体感应红外传感器如图 1-33 所示。

图 1-33　HC-SR501 人体感应红外传感器

①基本特性

探测元件将探测并接收到的红外辐射转变成弱电压信号，经装在探头内的场效应管放大后向外输出。为了提高探测器的探测灵敏度以增大探测距离，一般在探测器的前方装设一个菲涅尔透镜，它和放大电路相配合，可将信号放大 70 分贝以上。一旦有人侵入探测区域内，人体红外辐射通过部分镜面聚焦，并被热释电元件接收，但由于两片热释电元件接收到的热量不同，热释电能量也不同，不能抵消，经信号处理而报警。

②典型应用

- 自动照明控制；
- 安防系统；
- 自动门控制系统；
- 非接触测温系统。

③技术参数

- 工作电压：DC5～20 V；
- 静态功耗：65 μA；
- 电平输出：高 3.3 V，低 0 V；
- 延迟时间：可调（0.3 s～10 min）；
- 封锁时间：0.2 s；
- 触发方式：L 表示不可重复，H 表示可重复，默认值为 H；
- 感应范围：小于 120°锥角，7 m 以内；
- 工作温度：-15～70 ℃。

人体感应红外传感器电路如图 1-34 所示，主要工作原理如下：当检测到运动的人体时，J7 的第二引脚会输出电平经 R_{11} 至三极管 2N3904S 的基极，从而点亮二极管 VD_1，该信号可以同时送至外部微处理器（J_1）的 INT 脚进行识别（即高低电平的识别）。

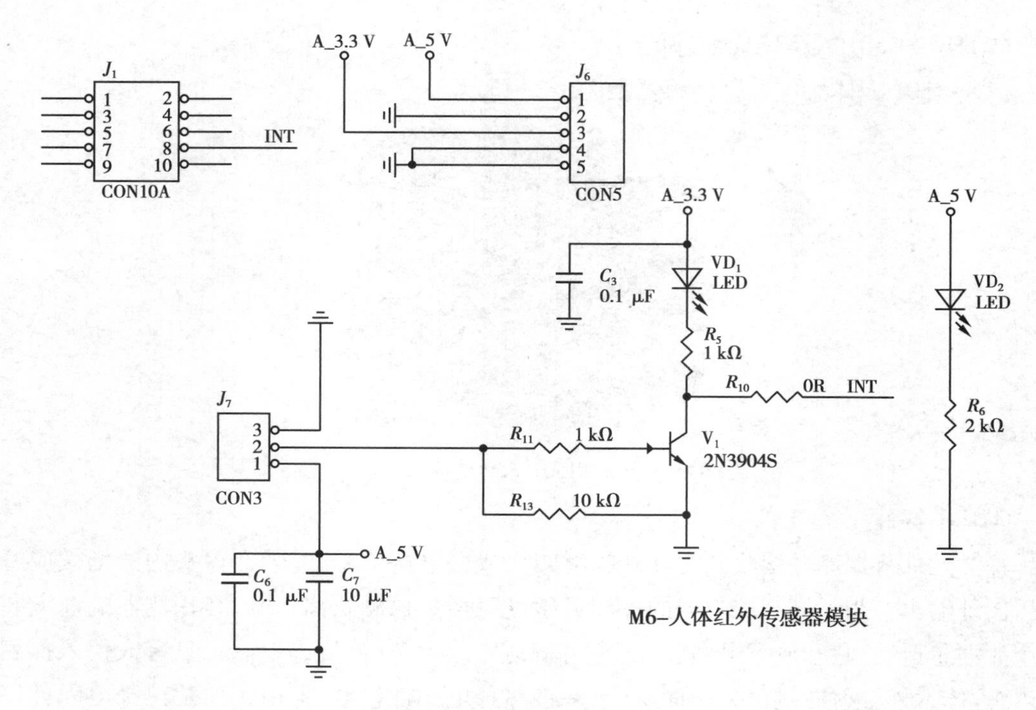

图 1-34　人体红外传感器电路

二、认识声音传感器

声音是由物体振动产生的声波，是通过介质传播并能被听觉器官所感知的波动现象。声音信号采集器件的功能就是将外界作用于其上的声音信号转换成相应的电信号，然后将这个电信号输送给后续处理电路以实现传感数据采集。常用的声音传感器按换能原理的不同，大体可分为3种类型，即电容式、压电式和电动式，其典型应用为驻极体电容式声音信号采集器件、压电驻极体电声器件和动圈式声音信号采集器件，它们具有结构简单、使用方便、性能稳定、可靠性好、灵敏度高等诸多优点。声音信号采集器件也可以分为压强型和自由场型两种形式，而考虑到自由场型更适合于噪声声级的测量，所以一般在声级测量中均采用自由场型的声音信号采集器件。声音信号采集器件的性能通常还与其尺寸有关，尺寸大的一般具有灵敏度较高和可测声级的下限较低的优点，但其频率范围较窄；而尺寸小的，虽然灵敏度较低但其频率范围一般较宽且可测声级上限较高。

1.常用声音传感器

(1)电容式驻极体声音传感器

电容式驻极体声音传感器通常可以分为振膜式和背极式，背极式由于膜片与驻极体材料各自发挥其特长，因此性能比振膜式好。电容式驻极体声音传感器的结构与一般的电容式声音传感器大致相同，工作原理也相同，只是不需要外加极化电压，而是由驻极体膜片或带驻极体薄层的极板表面电位来代替。驻极体式声音传感器的振膜受声波振动时，就会产生一个按照声波规律变化的微小电流，经过电路放大后就产生了音频电压信号。电容式驻极体声音传感器通常具有寿命长、频响宽、工艺简单、体积小、质量轻的优点，从而使现场使用更为方便。这种传感器除了有较高精度外，还允许有较大的非接触距离，优良的频响曲线。另外，它有良好的长期稳定性，在高潮湿的环境下仍能正常工作，一般的生产或检测环境都能够满足其工作要求。常用电容式驻极体声音传感器参数见表1-6。

表1-6　常用电容式驻极体声音传感器参数表

型号	频率范围 ±2dB/(Hz)	灵敏度 /(mV · Pa^{-1})	响应类型	动态范围 /dB	外形尺寸直径 /mm
CHZ-11	3~18	50	自由场	12~146	23.77
CHZ-12	4~8	50	声场	10~146	23.77
CHZ-11T	4~16	100	自由场	5~100	20
CHZ-13	4~20	50	自由场	15~146	12
CHZ-14A	4~20	12.5	声场	15~146	12
HY205	2~18	50	声场	40~160	12.7
4175	5~12.5	50	自由场	16~132	2 642
BF5032P	0.07~20	5	自由场	20~135	49
CZⅡ-60	0.04~12	100	自由场/声场	34	9.7

(2)压电驻极体声音传感器

压电驻极体声音传感器利用压电效应进行电声变换，其电声转换器通常为一片30~80 μm厚的多孔聚合物压电驻极体薄膜，相对电容式/动圈式结构复杂且精度要求极高的零件配合设计，大大减小了电声器件的体积；同时，零件数目大为减少，可靠性得到保证，满足大规模生产的需求。压电驻极体式声音传感器利用压电效应进行声电变换，取消了空气共振腔的设计，大大减小了声音传感器的体积；在性能上，压电材料的力电/声电转换性能稳定(在多孔聚合物上表现为，薄膜内部的电荷稳定、不容易丢失)；同时，由于取消了电容式的声电变换结构，使零件数目减少，制造工艺简单化，成本低廉。这些特性均使压电驻极体声音传感器具有广泛的应用范围与推广价值。

(3)动圈式声音传感器

如果把一导体置于磁场中，在声波的推动下使其振动，这时在导体两端便会产生感应电动势，利用这一原理制造的声音传感器称为电动式声音传感器。如果导体是一线圈，则称为动圈式声音传感器，如果导体为一金属带箔，则称为带式声音传感器。动圈式声音传感器是一种使用最为广泛的声音传感器。

2.典型器件举例

本单元以MP9767声音传感器(图1-35)为例，介绍其具体特性。

MP9767声音传感器基本特性见表1-7。

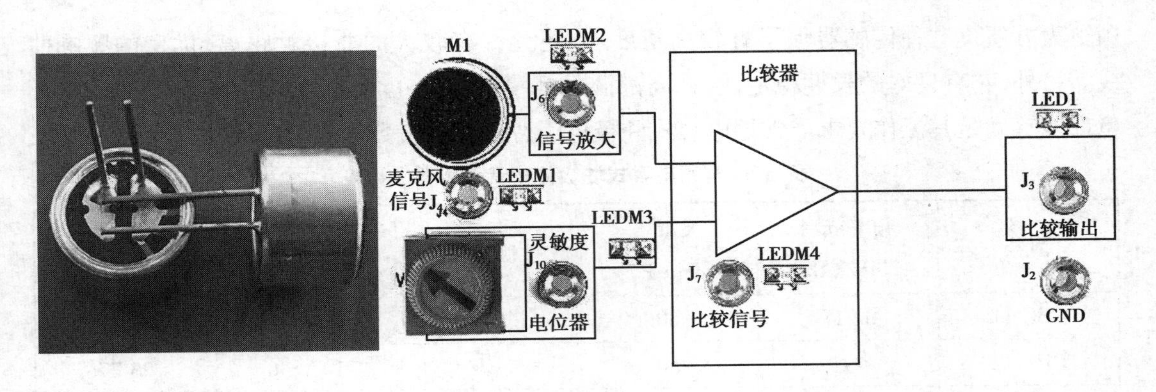

图 1-35 MP9767 声音传感器

表 1-7 MP9767 声音传感器基本特性

灵敏度	-48~66 dB
频响范围	50~20 kHz
方向特性	全指向
阻抗特性	低阻抗
电流消耗	最大 500 μA
标准工作电压	3 V
信噪比	大于 58 dB
灵敏度变化	电压变化 1.5 V 灵敏度变化小于 3 dB

典型的声音信号采集电路如图 1-36 所示。麦克风输出电压受环境声音影响,输出相应的音频信号,将该信号进行放大。放大后的音频信号叠加在直流电平上作为 LM393 中比较器 1 的负端(2 脚)输入电压。采集电位器(VR_1)调节端的电压作为比较器 1 正端(3 脚)输入电压。比较器 1 根据两个电压的情况进行对比,输出端(1 脚)输出相应的电平信号;该电压信号经过 VD_6 升压,VD_6 正端的电压信号作为比较器 2 负端(6 脚)输入电压,采集 R_7 的电压信号作为比较器 2 正端(5 脚)的输入电压,比较器 2 根据两个电压的情况进行对比,输出端(7 脚)输出相应的电平信号。

调节 VR_1,即调节比较器 1 正端的输入电压,设置对应的采集灵敏度,即阈值电压。当环境中没有声音或声音比较低时,麦克风基本没有音频信号输出,比较器 1 的负端电压较低,小于阈值电压,比较器 1 输出高电平电压;该电压经过 VD_6,VD_6 正端的电压比比较器 2 的正端电压高,这时比较器 2 输出低电平电压。当环境中出现很高声音时,麦克风感应并产生相应的音频信号,该音频信号经过放大后叠加在比较器 1 负端的直流电平上,使得负端电压比正端电压高,比较器 1 输出低电平电压;该电压经过 VD_6 后,VD_6 正端的电压比比较器 2 的正端电压低,比较器 2 输出高电平。类似地,比较器 2 的输出信号可以送至其他微控制器的输入口进行识别以实现定性分析,或者连接其他模块的输入电路以实现控制功能(如继电器)。

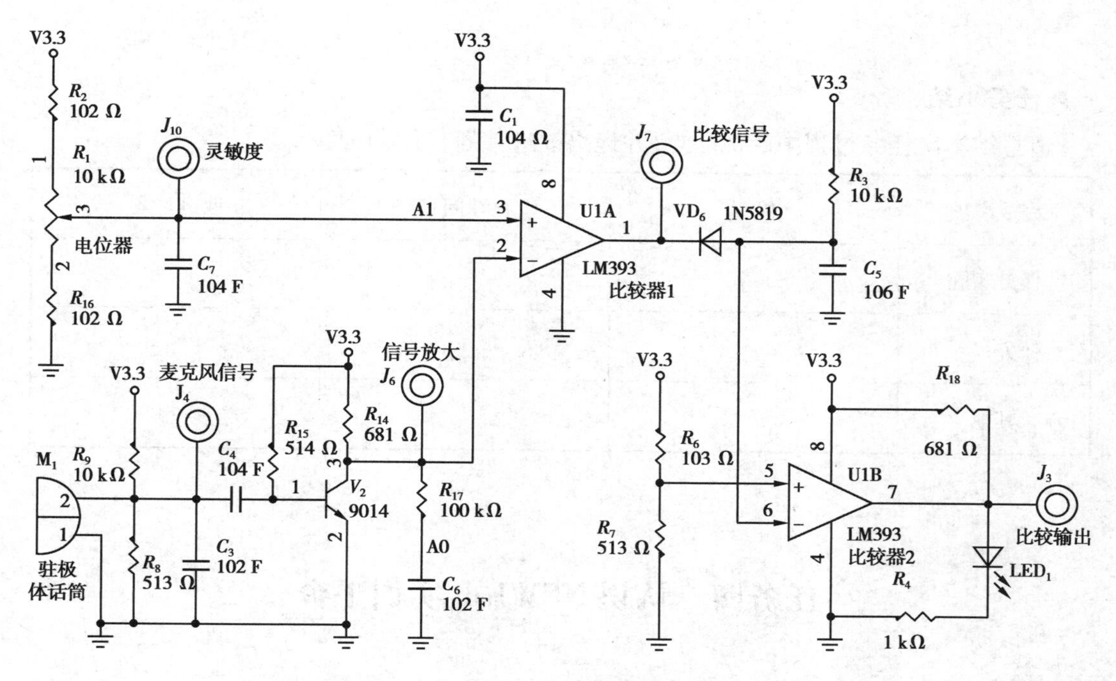

图 1-36　声音传感模块电路板功能电路图

▶任务评价

<table>
<tr><td colspan="2">班级</td><td colspan="2"></td><td colspan="2">姓名</td><td colspan="2"></td></tr>
<tr><td colspan="2">学习日期</td><td colspan="2"></td><td colspan="2">等级</td><td colspan="2"></td></tr>
<tr><td>序号</td><td>时段</td><td colspan="4">任务准备过程</td><td>分值/分</td><td>得分/分</td></tr>
<tr><td>1</td><td>课前
（10%）</td><td colspan="4">1.按照 7S 标准着装规范、入场有序、工位整洁（5 分）
2.准备实训平台、耗材、工具、学习资讯等（5 分）</td><td>10</td><td></td></tr>
<tr><td rowspan="2">2</td><td rowspan="5">课中
（60%）</td><td colspan="4">情感态度评价</td><td rowspan="2">10</td><td rowspan="2"></td></tr>
<tr><td colspan="4">小组学习氛围浓厚，沟通协作好，具有文明规范操作职业习惯（10 分）</td></tr>
<tr><td rowspan="3">3</td><td>任务工作过程评价</td><td>自评</td><td>互评</td><td>师评</td><td rowspan="3">50</td><td rowspan="3"></td></tr>
<tr><td>①认识红外传感器（25 分）</td><td></td><td></td><td></td></tr>
<tr><td>②认识声音传感器（25 分）</td><td></td><td></td><td></td></tr>
<tr><td>4</td><td>课后
（30%）</td><td>③任务练习完成情况（30 分）</td><td></td><td></td><td></td><td>30</td><td></td></tr>
<tr><td colspan="6">总分</td><td>100</td><td></td></tr>
<tr><td>备注</td><td colspan="7">A.80～100 分；B.70～79 分；C.60～69 分；D.60 分以下</td></tr>
</table>

▶任务小结

请总结本次任务过程中的优缺点,并提出改进计划,写入下表。

完成事项	优点	存在问题	改进计划
任务实施			
任务练习			
其他			

任务四 认识 NEWLab 实训平台

▶任务描述

本任务主要介绍新大陆公司研制的 NEWLab 实训平台,该实训平台具有 8 个通用实训模块插槽,支持单个实训模块实验或最多 8 个实训模块联动实验。该实训平台内集成有通信、供电、测量等功能,为实训提供环境保障和支撑,还内置了一块标准尺寸的面包板及独立电源,用于电路搭建实训。该实训平台可完成无线通信技术、传感器技术、数据采集、无线传感器网络等课程的实训。

▶任务目标

①熟悉 NEWLab 实训平台和相关传感器模块;

②掌握 NEWLab 实训平台的基本使用方法。

▶任务实施

一、认识 NEWLab 实训平台

NEWLab 平台底板接口如图 1-37、图 1-38 所示。

1.无线通信模块

无线通信模块包括 ZigBee 模块、WiFi 开发模块、蓝牙 4.0 开发模块、GPRS 通信模块,如图 1-39 所示。

2.传感器模块

传感器模块包括温度/光照传感器模块、声音传感器模块、气体传感器模块、称重传感器模块、霍尔传感器模块等,如图 1-40 所示。

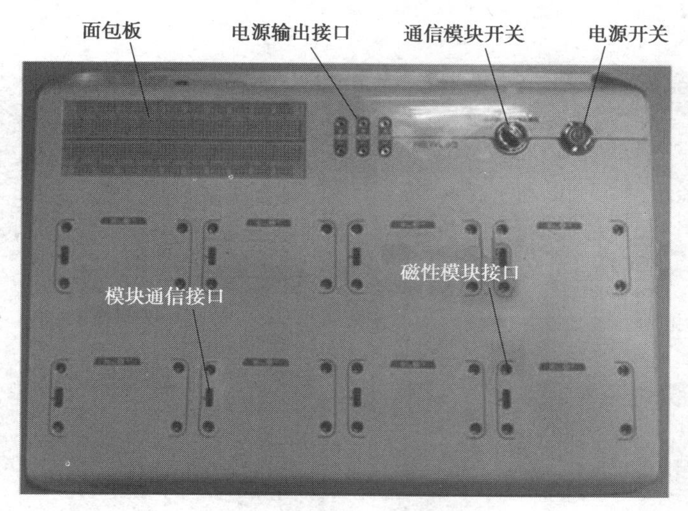

图 1-37　NEWLab 平台底板接口 1

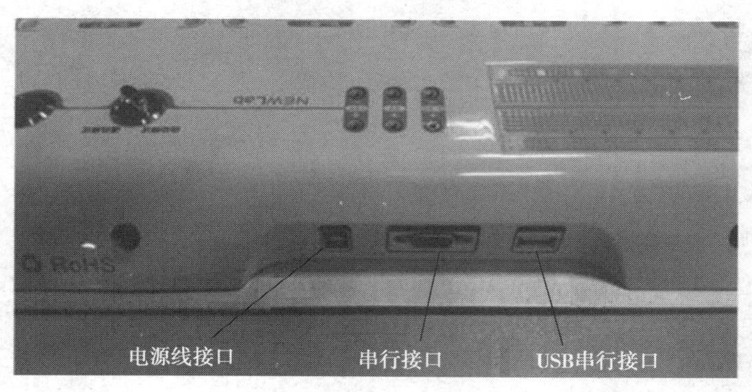

图 1-38　NEWLab 平台底板接口 2

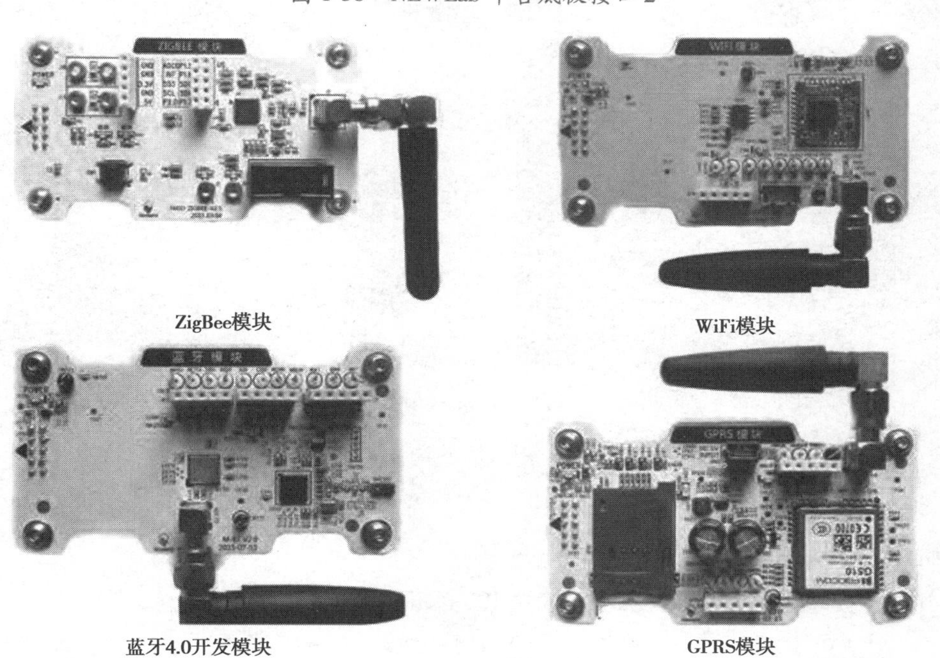

图 1-39　无线通信模块

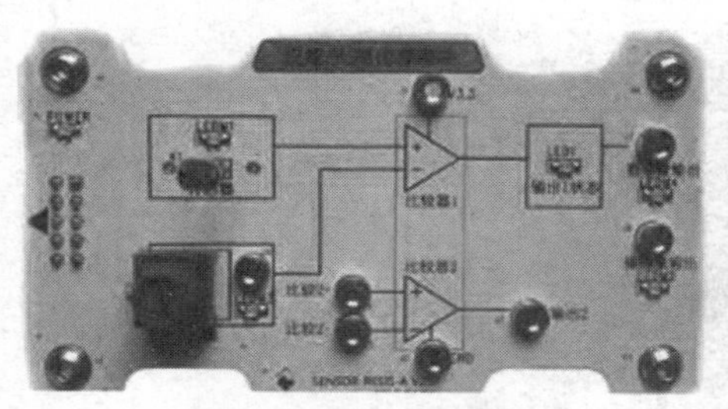

温度/光照度传感器模块

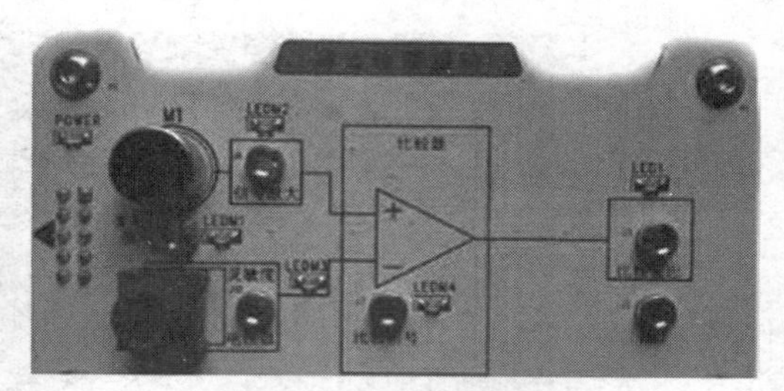

声音传感器模块

气体传感器模块

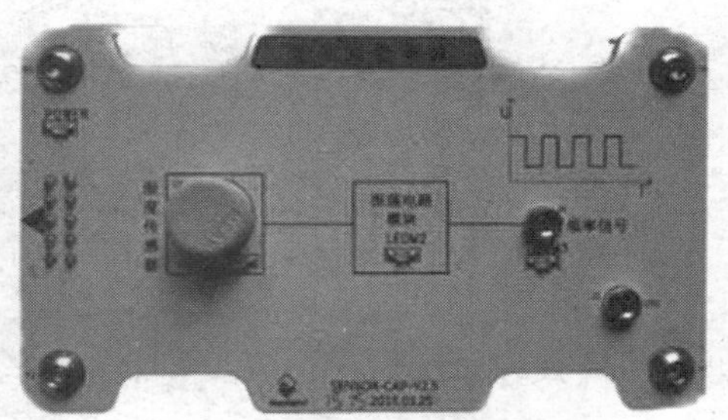

湿度传感器模块

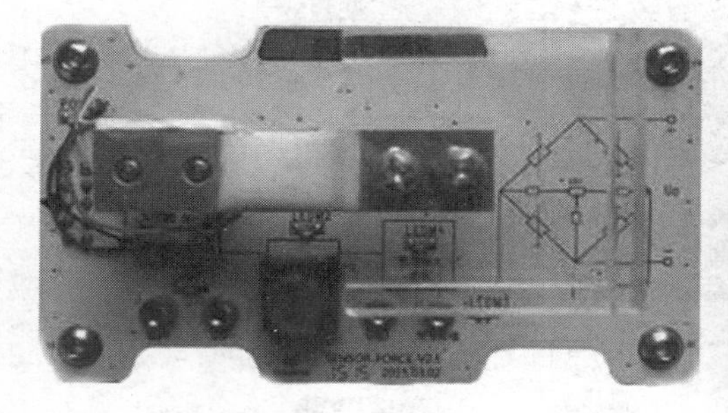

称重传感器模块

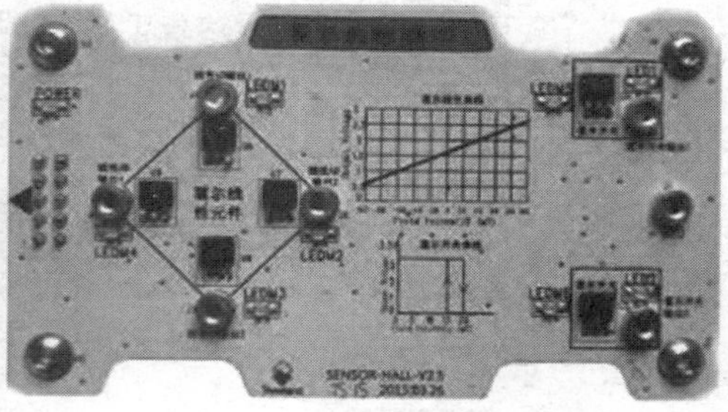

霍尔传感器模块

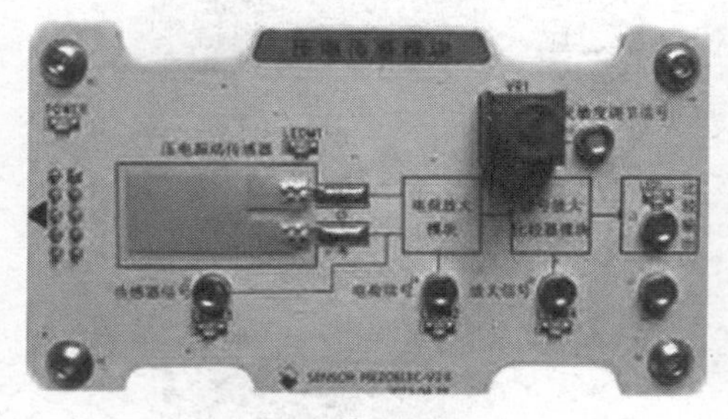

压电传感器模块

红外传感器模块

图 1-40　传感器模块

二、通信模块说明

1.ZigBee 模块

ZigBee 的模块及其说明见表 1-8—表 1-10，面板如图 1-41 所示。

表 1-8 ZigBee 模块

模块功能	实现 Zigbee 的传输与控制
模块地址	0x46
工作电压	5 V、3.3 V

表 1-9 模块功能说明

信号 & 功能	端子	说明
ADC0、ADC1	J10、J7	模拟电压输入端子(0~3.3 V)
IN0、IN1	J13、J12	数字量信号输入端子(3.3 V 逻辑电平)
OUT0、OUT1	J16、J15	数字量信号输出端子(3.3 V 逻辑电平)
功能扩展插座	U5	(5PINx1+5PINx2)用于接入各种功能模块
按键	SW1	用于程序功能使用
DEBUG 插座	J1	用于软件下载或程序调试
天线座	J6	外接天线连接座 SMA 外螺内孔

表 1-10 提示信息

指示	说明
LED1(连接)	模块网络连接状态指示(亮:连接 暗:未连接)
LED2(通信)	模块通信状态指示(亮:收或发 暗:没有通信)
LEDM1	数字量输出端子 OUT 位置指示
LEDM2	数量量输入端子 IN 位置指示
LEDM3、LEDM4	ADC0、ADC1 模拟输入端子位置指示

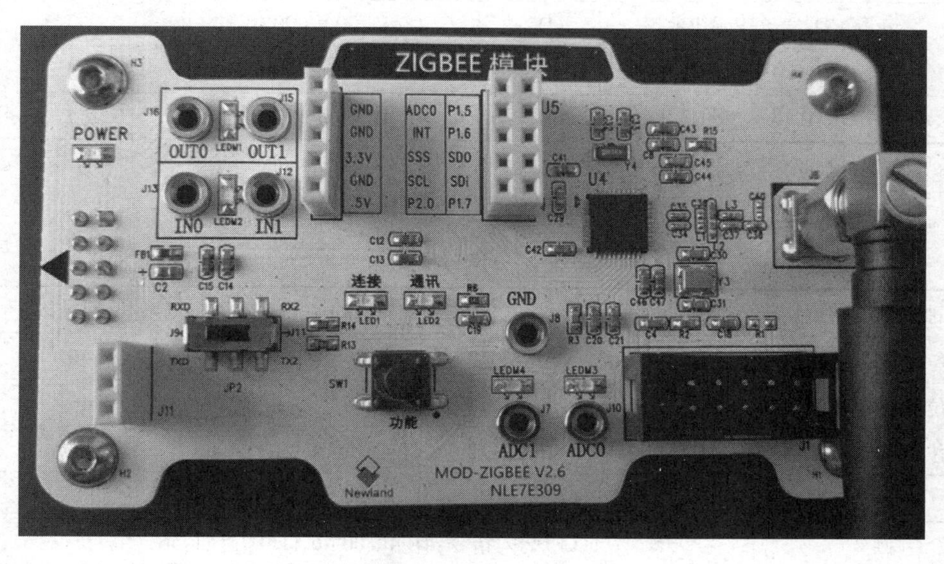

图 1-41 模块面板

ZigBee 模块的功能原理图如图 1-42 所示，测量功能及指示灯功能见表 1-11、表 1-12。

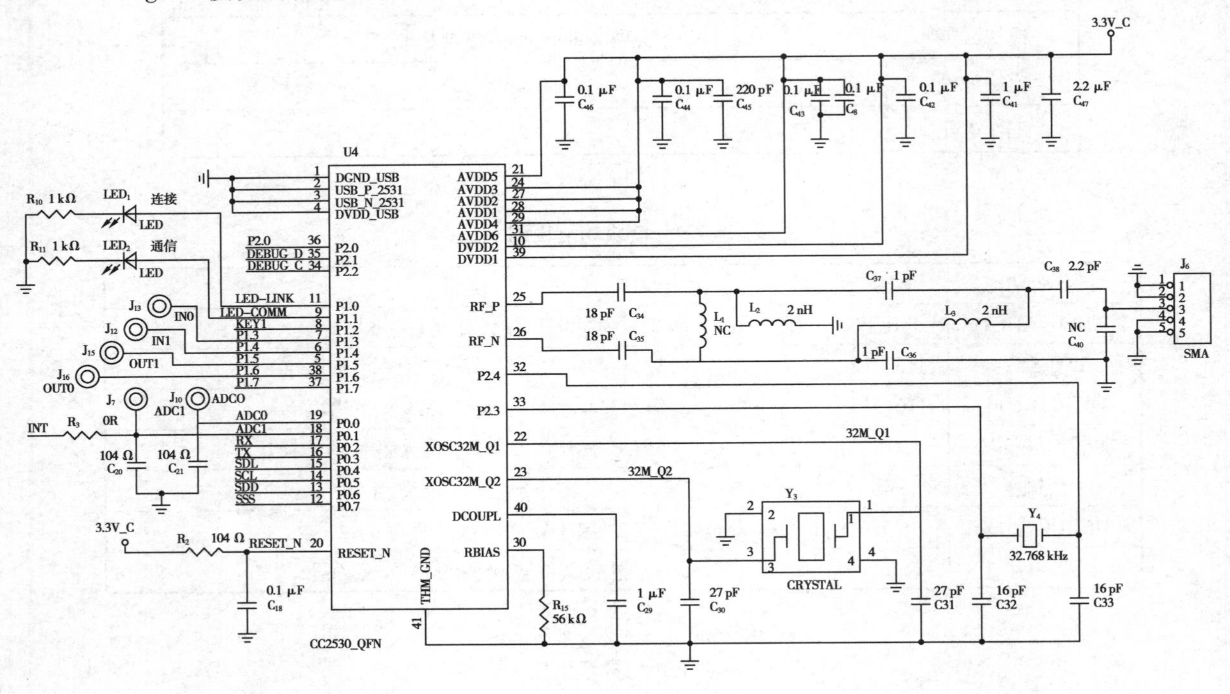

图 1-42　功能原理图

表 1-11　测量功能及其信息

测量功能	位置	命令	返回结果
读取 ADC0 端子 AD 值	J10	4E 4C 00 46 40 00	0x00～0xFF
读取 ADC1 端子 AD 值	J7	4E 4C 00 46 40 01	0x00～0xFF
读取 IN0 端子逻辑电平	J13	4E 4C 00 46 20 00	0 或 1
读取 IN1 端子逻辑电平	J12	4E 4C 00 46 20 01	0 或 1
读取 OUT1 端子逻辑电平	J15	4E 4C 00 46 20 02	0 或 1
读取 OUT0 端子逻辑电平	J16	4E 4C 00 46 20 03	0 或 1

注：数据：16 进制，串口参数：9600，8，1，N。

表 1-12　指示灯功能

指示灯功能	指令	功能码	LED1—LED4	返回结果
位置指示灯亮	4E 4C 00 46	10	0～3	46
位置指示灯闪	4E 4C 00 46	11	0～3	46
位置指示灯灭	4E 4C 00 46	12	0～3	46
例 1	LED1 亮指令：4E 4C 00 46 10 00 返回：46			
例 2	LED2 闪指令：4E 4C 00 46 11 01 返回：46			

注：更多指令请查询互动模块指令说明。

2.蓝牙模块

蓝牙模块的功能、端子情况、指示灯功能见表 1-13—表 1-16,面板如图 1-43 所示。

表 1-13　蓝牙模块

模块功能	实现蓝牙通信功能
模块地址	0x58
工作电压	3.3 V

表 1-14　端子说明

端子	定义	说明
JP701	模块 IO 端子	模块 SPI 信号接口
JP702	模块 IO 端子	模块控制信号接口
JP703	模块 IO 端子	模块串口信号接口
ANT701	天线端子	外接天线接口,增强信号强度
CN728	固件下载端子	CC2541 芯片下载接口(预留)

表 1-15　位置指示灯说明

位置指示灯	说明
LEDM1	JP703 端子接线区域指示
LEDM2	JP701 端子接线区域指示
LEDM3	JP702 端子接线区域指示

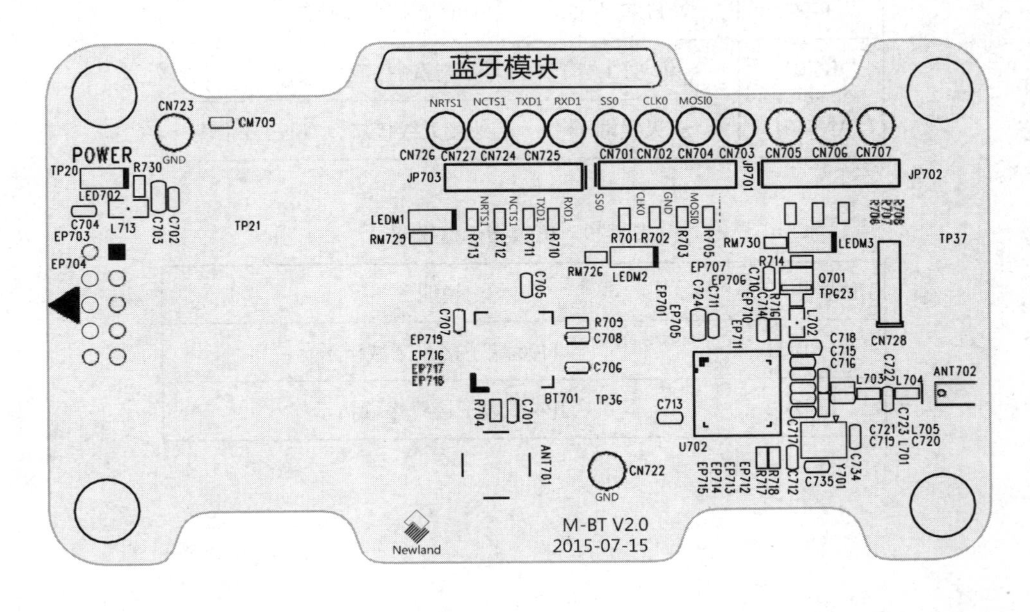

图 1-43　面板

表 1-16　指示灯功能

指示灯功能	指令	功能码	LED1—LED4	返回结果
位置指示灯亮	4E 4C 00 58	10	0~3	58
位置指示灯闪	4E 4C 00 58	11	0~3	58
位置指示灯灭	4E 4C 00 58	12	0~3	58
例 1	LED1 亮指令:4E 4C 00 58 10 00 返回:58			
例 2	LED2 闪指令:4E 4C 00 58 11 01 返回:58			

注:更多指令请查询互动模块指令说明表。

3.WiFi 模块

WiFi 模块的功能、端子、位置指示灯等见表 1-17—表 1-20,其面板如图 1-44 所示。

表 1-17　WiFi 模块

模块功能	实现 WiFi 通信功能
模块地址	0x59
工作电压	3.3 V

表 1-18　端子说明

端子	定义	说明
J406	WiFi 模块端子	SDIO 数据传输接口
JP401	模块 IO 端子	模块控制接口
ANT401	天线端子	外接天线接口,增强信号强度

表 1-19　位置指示灯说明

位置指示灯	说明
LEDM1	J406 端子接线区域指示
LEDM2	JP401 端子接线区域指示

表 1-20　指示灯功能

指示灯功能	指令	功能码	LED1—LED4	返回结果
位置指示灯亮	4E 4C 00 59	10	0~3	59
位置指示灯闪	4E 4C 00 59	11	0~3	59
位置指示灯灭	4E 4C 00 59	12	0~3	59
例 1	LED1 亮指令:4E 4C 00 59 10 00 返回:59			
例 2	LED2 闪指令:4E 4C 00 59 11 01 返回:59			

注:更多指令请查询互动模块指令说明表。

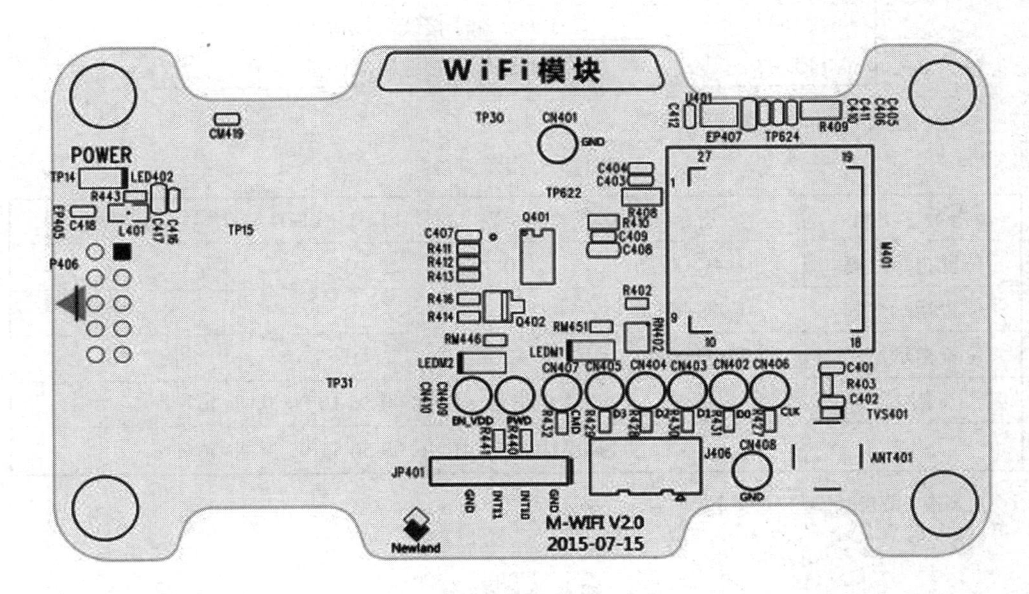

图 1-44　WiFi 模块面板

4.GPRS 模块

GPRS 模块功能、端子、位置指示灯等说明见表 1-21—表 1-24,模块面板如图 1-45 所示。

表 1-21　GPRS 模块

模块功能	实现 linux 套件的 GPRS 模块教学
模块地址	0x56
工作电压	3.3 V

表 1-22　端子说明

端子	定义	说明
J608	SIM 卡卡槽	用于插入 SIM 卡(移动卡)
J603	电源端子	为模块额外 5 V 供电接口
JP603	模块 IO 端子	GPRS 板卡控制接口 1
JP602	模块 IO 端子	GPRS 板卡控制接口 2
ANT202	天线端子	外接天线接口,增强信号强度

表 1-23　位置指示灯

位置指示灯	说明
LEDM1	J608 端子接线区域指示
LEDM2	JP602 端子接线区域指示
LEDM3	JP603 端子接线区域指示

表 1-24　指示灯功能

指示灯功能	指令	功能码	LED1—LED4	返回结果
位置指示灯亮	4E 4C 00 56	10	0~3	56
位置指示灯闪	4E 4C 00 56	11	0~3	56
位置指示灯灭	4E 4C 00 56	12	0~3	56
例 1	LED1 亮指令:4E 4C 00 56 10 00 返回:56			
例 2	LED2 闪指令:4E 4C 00 56 11 01 返回:56			

注:更多指令请查询互动模块指令说明表。

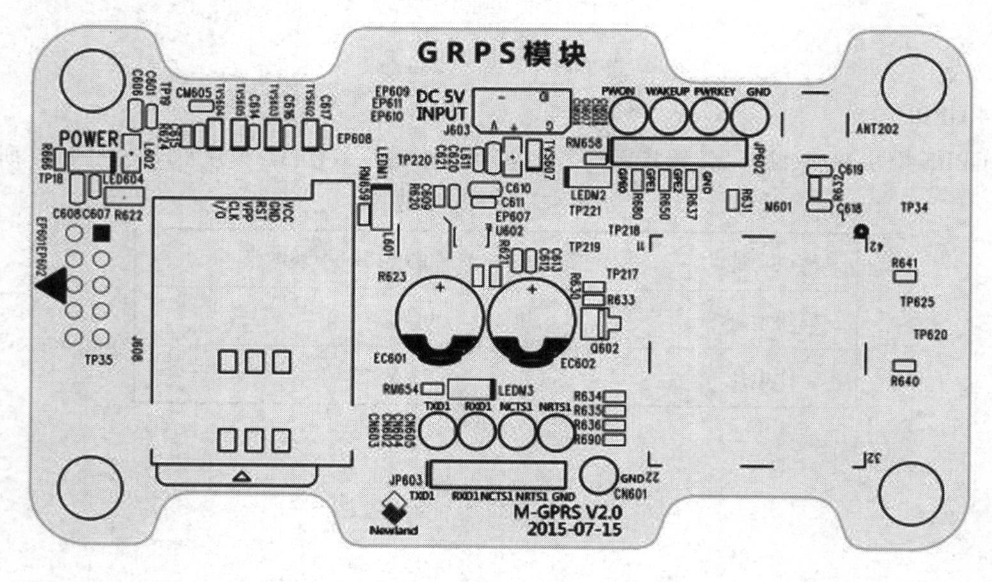

图 1-45　GPRS 模板面板

▶任务评价

<table>
<tr><td colspan="2">班级</td><td colspan="3"></td><td colspan="2">姓名</td><td colspan="2"></td></tr>
<tr><td colspan="2">学习日期</td><td colspan="3"></td><td colspan="2">等级</td><td colspan="2"></td></tr>
<tr><td>序号</td><td>时段</td><td colspan="5">任务准备过程</td><td>分值/分</td><td>得分/分</td></tr>
<tr><td>1</td><td>课前
（10%）</td><td colspan="5">①按照7S标准着装规范、入场有序、工位整洁（5分）
②准备实训平台、耗材、工具、学习资讯等（5分）</td><td>10</td><td></td></tr>
<tr><td rowspan="2">2</td><td rowspan="5">课中
（60%）</td><td colspan="5">情感态度评价</td><td rowspan="2">10</td><td rowspan="2"></td></tr>
<tr><td colspan="5">小组学习氛围浓厚，沟通协作好，具有文明规范操作职业习惯（10分）</td></tr>
<tr><td rowspan="3">3</td><td colspan="2">任务工作过程评价</td><td>自评</td><td>互评</td><td>师评</td><td rowspan="3">50</td><td rowspan="3"></td></tr>
<tr><td colspan="2">①认识NEWLab平台（25分）</td><td></td><td></td><td></td></tr>
<tr><td colspan="2">②认识各个传感器模块（25分）</td><td></td><td></td><td></td></tr>
<tr><td>4</td><td>课后
（30%）</td><td colspan="2">任务练习完成情况（30分）</td><td></td><td></td><td></td><td>30</td><td></td></tr>
<tr><td colspan="7">总分</td><td>100</td><td></td></tr>
<tr><td>备注</td><td colspan="8">A.80～100分；B.70～79分；C.60～69分；D.60分以下</td></tr>
</table>

▶任务小结

请总结本次任务过程中的优缺点，并提出改进计划，写入下表。

完成事项	优点	存在问题	改进计划
任务实施			
任务练习			
其他			

▶任务练习

下表中给出的传感器有DHT11温湿度传感器、GB5-A1E光敏传感器、Flame-1000-D红外火焰传感器、HC-SR501人体感应红外传感器、MQ-2烟雾传感器，请通过本任务所学知识及上网查询相关资料，写出对应传感器的名称，并列出其典型应用。

常见的传感器

示意图	名称	典型应用

▶项目评价

<table>
<tr><td rowspan="2">评价内容</td><td rowspan="2">配分/分</td><td colspan="3">得分</td><td rowspan="2">总评等级</td></tr>
<tr><td>自评</td><td>组评</td><td>师评</td></tr>
<tr><td>纪律观念</td><td>10</td><td></td><td></td><td></td><td rowspan="8">A(80 分以上) □
B(70~79 分) □
C(60~69 分) □
D(59 分以下) □</td></tr>
<tr><td>学习态度</td><td>10</td><td></td><td></td><td></td></tr>
<tr><td>协作精神</td><td>10</td><td></td><td></td><td></td></tr>
<tr><td>文明规范</td><td>10</td><td></td><td></td><td></td></tr>
<tr><td>任务练习</td><td>10</td><td></td><td></td><td></td></tr>
<tr><td>实践动手能力</td><td>30</td><td></td><td></td><td></td></tr>
<tr><td>解决问题能力</td><td>20</td><td></td><td></td><td></td></tr>
<tr><td>评分小计</td><td>100</td><td></td><td></td><td></td></tr>
</table>

有线传感网的应用搭建

为解决现有生活中常见工业生产线的安全及环境的监测问题，可以通过 RS-485 总线和 CAN 总线相结合的方式，进行智能安防系统的构建和生产线环境监测，并确定系统搭建的方式以及需要具备的相关功能，并且能够在平台上进行实时监测，通过实训室测试证明该系统运行可靠、信息准确。

□知识目标

①掌握总线的基础知识；
②掌握 RS-485、RS-422、RS-432 标准电气特性；
③掌握 RS-485 通信的收发器芯片的功能及其典型应用电路；
④了解 Modbus 通信协议的基础知识；
⑤掌握 CAN 总线相关的基础知识；
⑥理解 CAN 控制器与 CAN 收发器芯片的接口方式与典型应用电路；
⑦掌握 CAN 总线通信系统的接线方式。

□技能目标

①能搭建 RS-485 总线并能检测是否正确搭建；
②能使用串口工具进行通信；
③能搭建基于 CAN 总线的通信系统；
④会独立使用 CAN 总线调试工具实现上位机与 CAN 通信系统之间的通信。

□素养目标

①养成安全用电与节能减排的习惯；
②养成 7S 管理的工作习惯；
③培养团队协作的能力，严谨踏实的工作作风，养成良好的职业素养；
④培养拓展创新的学习精神；
⑤培养良好的语言文字表达能力。

任务一　RS-485 总线技术应用(modbus 协议)

▶任务描述

在工业生产线上,由于对生产环境安全要进行实时的监测,需要搭建一个基于 RS-485 总线的智能安防系统,对火焰和可燃气体进行准确预警。

▶任务目标

①能分析本系统的数据通信协议;
②能进行系统的搭建;
③能在云平台上创建项目并实时监测数据。

▶任务准备

RS-485 总线技术基础

一、认识串行通信

1.总线简介

在 20 世纪 80 年代中后期,随着工业控制、计算机、通信以及模块化集成等技术的发展,出现了现场总线控制系统。按照国际电工委员会 IEC61158 标准的定义,现场总线是应用在制造或过程区域现场装置与控制室内自动控制装置之间的数字式、串行、多点通信的数据总线。它也被称为开放式、数字化、多点通信的底层控制网络。以现场总线为技术核心的工业控制系统,称为现场总线控制系统(Fieldbus Control System,FCS)。在计算机领域,总线最早是指汇集在一起的多种功能的线路。经过深化与延伸之后,总线指的是计算机内部各模块之间或计算机之间的一种通信系统,涉及硬件(器件、线缆、电平)和软件(通信协议)。当总线被引入嵌入式系统领域后,它主要用于嵌入式系统的芯片级、板级和设备级的互连。

在总线的发展过程中,有多种分类方式。按照传输速率分类可分为低速总线和高速总线;按照连接类型分类可分为系统总线、外设总线和扩展总线;按照传输方式分类可分为并行总线和串行总线。

本书主要关注计算机与嵌入式系统领域的高速串行总线技术。

2.什么是串行通信

RS-485 通信隶属于串行通信的范畴,在计算机网络与分布式工业控制系统中,设备之间经常通过各自配备的标准串行通信接口,加上合适的通信电缆实现数据与信息的交换。所谓“串行通信”是指外设和计算机之间,通过数据信号线、地线与控制线等,按位进行传输数据的一种通信方式。目前常见串行通信接口标准有 RS-232、RS-422 和 RS-485 等。另外,SPI(Serial Peripheral Interface,串行外设接口)、I2C(Inter-Integrated Circuit,内置集成电路)

和 CAN(Controller Area Network,控制器局域网)通信也属于串行通信。

3.常见的电平信号及其电气特性

在电子产品开发领域,常见的电平信号有 TTL 电平、CMOS 电平、RS-232 电平与 USB 电平等。由于它们对于逻辑“1”和逻辑“0”的表示标准有所不同,因此在不同器件之间进行通信时,要特别注意电平信号的电气特性。表 2-1 对常见电平信号的逻辑表示与电气特性进行了归纳。

表 2-1　常见电平信号的逻辑表示与电气特性

电平信号名称	输入		输出		说明
	逻辑 1	逻辑 0	逻辑 1	逻辑 0	
TTL 电平	≥2.0 V	≤0.8 V	≥2.4 V	≤0.4 V	噪声容限较低,约 0.4 V;MCU 芯片引脚都是 TTL 电平
CMOS 电平	$\geqslant 0.7V_{CC}$	$\leqslant 0.3V_{CC}$	$\geqslant 0.8V_{CC}$	$\leqslant 0.1V_{CC}$	噪声容限高于 TLL 电平,V_{CC} 为供电电压
电平信号名称	逻辑 1		逻辑 0		说明
RS-232 电平	−15~−3 V		3~15 V		PC 机的 COM 口为 RS-232 电平
USB 电平	$(V_{0+}-V_{0-})$200 mV		$(V_{0-}-V_{0+})\geqslant$200 mV		采用差分电平,4 线制:VCC、GND、D+和 D−

RS-232 电平与 TTL 电平的逻辑表示对比如图 2-1 所示。

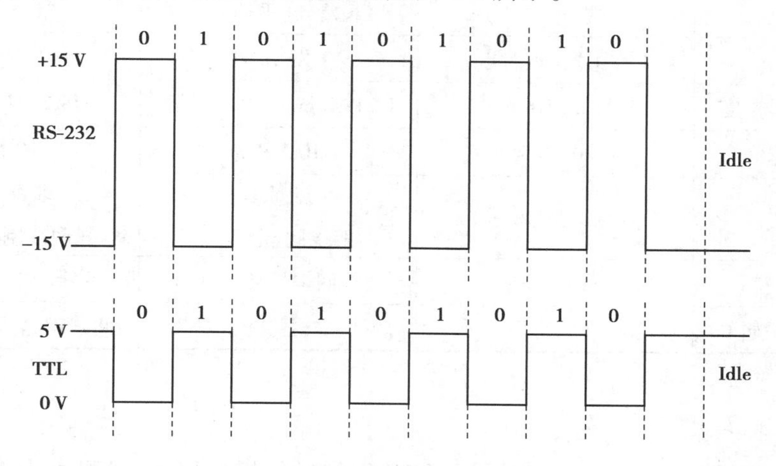

图 2-1　RS-232 电平与 TTL 电平的逻辑表示对比图

二、认识 485 总线通信模式

1.RS-485 与 RS-422/RS-232 通信标准

RS-232、RS-422 和 RS-485 标准最初都是由美国电子工业协会(Electronic Industries Association,EIA)制订并发布的。RS-232 标准在 1962 年发布,它的缺点是通信距离短、速率低,而且只能点对点通信,无法组建多机通信系统。另外,在工业控制环境中,基于 RS-232

标准的通信系统经常会由于外界的电气干扰而导致信号传输错误。以上缺点决定了 RS-232 标准无法适用于工业控制现场总线。

RS-422 标准是在 RS-232 的基础上发展而来的,它弥补了 RS-232 标准的一些不足。例如,RS-422 标准定义了一种平衡通信接口,改变了 RS-232 标准的单端通信的方式,总线上使用差分电压进行信号的传输。这种连接方式将传输速率提高到 10 MB/s,并将传输距离延长到 1 219.2 m(4 000 英尺)(速率低于 100 kB/s 时),而且在一条平衡总线上最多允许连接 10 个接收器。

为了扩展应用范围,EIA 又于 1983 年发布了 RS-485 标准。RS-485 标准与 RS-422 标准相比,增加了多点、双向的通信能力。

一条 RS-485 总线能够并联多少台设备,需要看使用了什么芯片,也与使用电缆的品质相关,节点越多、传输距离越远、电磁环境越恶劣,所选的电缆要求就越高。

支持 32 个节点数的芯片:SN75176、SN75276、SN75179、SN75180、MAX485、MAX488、MAX490 等。

支持 64 个节点数的芯片:SN75LBC184 等。

支持 128 个节点数的芯片:MAX487、MAX1487 等。

支持 256 个节点数的芯片:MAX1482、MAX1483、MAX3080~MAX3089 等。

对 RS-232、RS-422 和 RS-485 标准的主要电气特性进行比较,比较结果见表 2-2。

表 2-2 RS485/422/232 标准对比

标准		RS-232	RS-422	RS-485
工作方式		单端(非平衡)	差分(平衡)	差分(平衡)
节点数		1 收 1 发(点对点)	1 发 10 收	1 发 32 收
最大传输电缆长度		15.24 m(50 英尺)	1 219.2 m(4 000 英尺)	1 219.2 m(4 000 英尺)
最大传输速率		20 kB/s	10 MB/s	10 MB/s
连接方式		点对点(全双工)	一点对多点 (四线制,全双工)	多点对多点 (两线制,半双工)
电气特性	逻辑 1	-15~-3V	两线间电压差 2~6 V	两线间电压差 2~6 V
	逻辑 0	3~15 V	两线间电压差-6~-2V	两线间电压差-6~-2 V

2.RS-485 收发器

RS-485 收发器(Transceiver)芯片是一种常用的通信接口器件,世界上大多数半导体公司都有符合 RS-485 标准的收发器产品线,如 Sipex 公司的 SP307x 系列芯片、Maxim 公司的 MAX485 系列、TI 公司的 SN65HVD485 系列、Intersil 公司的 ISL83485 系列等。

接下来以 Sipex 公司的 SP30722EEN 芯片为例,讲解 RS-485 标准收发器芯片的工作原理与典型应用电路。如图 2-2 所示展示了 RS-485 收发器芯片的典型应用电路。

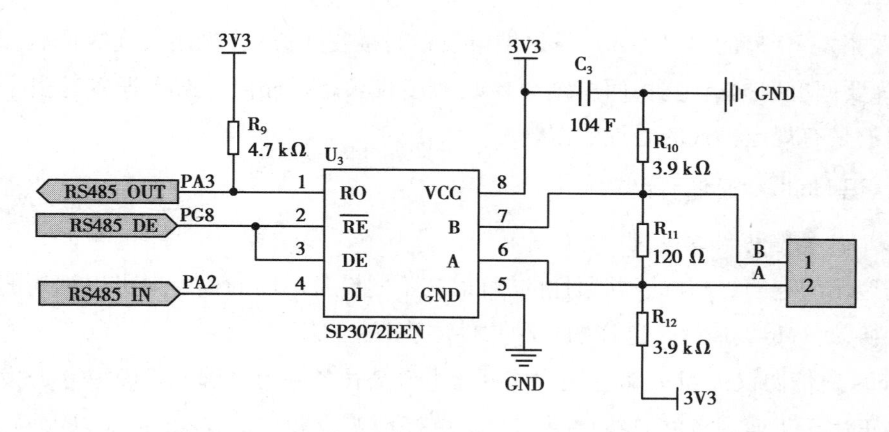

图 2-2　RS-485 收发器芯片的典型应用电路

在图 2-2 中，电阻 R_{11} 为终端匹配电阻，其阻值为 120 Ω。电阻 R_{10} 和 R_{12} 为偏置电阻，它们用于确保在静默状态时，RS-485 总线维持逻辑 1 高电平状态。SP3072EEN 芯片的封装是 SOP-8，RO 与 DI 分别为数据接收与发送引脚，它们用于连接 MCU 的 USART 外设。RE 和 DE 分别为接收使能和发送使能引脚，它们与 MCU 的 GPIO 引脚相连。A、B 两端用于连接 RS-485 总线上的其他设备，所有设备以并联的形式接在总线上。

目前市面上各个半导体公司生产的 RS-485 收发器芯片的管脚分布情况几乎相同，具体的管脚功能描述见表 2-3。

表 2-3　RS-485 收发器芯片的管脚功能描述

管教编号	名称	功能描述
1	RO	接收器输出（至 MCU）
2	$\overline{\text{RE}}$	接收允许（低电平有效）
3	DE	发送允许（高电平有效）
4	DI	发送器输入（来自 MCU）
5	GND	接地
6	A	发送器同相输出/接收器同相输入
7	B	发送器反相输出/接收器反相输入
8	VCC	电源电压

3.RS-485 总线与主从模式

RS-485 发送器和接收器合在一起，称为 RS-485 收发器。RS-485 收发器在发送数据时，对方只能接收，不能发送数据，只能传一个方向，这种传输方式即为单工通信方式。若想实现半双工通信，即在发送数据给对方时，又想接收到对方返回来的数据，就需要软件层的协议作保障。RS-485 要想实现半双式通信，要进行约定，其中主从模式就是一种约定。

RS-485 主从模式：系统中只能有一个主机，任何时候所有从机不能给主机主动发送数据，上电后所有设备处于接收状态（监听），主机要发送数据，需要先把自己设置为发送状态

(通过更改指定IO口的电平为1),发送结束设置为接收状态;从机接收到数据后,改为发送状态,因为要回应数据给主机,回应结束要改为接收状态。任何一次数据发送由主机发起,主机发送的是有规定格式的寻址数据帧。

三、认识Modbus通信协议

1.Modbus通信协议的定义

凡是遵循约定的、公开的、共通性的,可以在不同设备厂商的设备上可以解析的协议,就是软件层协议。Modbus就是这样的一种软件层协议。

Modbus通信协议由Modicon(现为施耐德电气公司的一个品牌)在1979年开发,是全球第一个真正用于工业现场的总线协议。为了更好地普及和推动Modbus在以太网上的分布式应用,目前施耐德公司已将Modbus协议的所有权移交给IDA(Interface for Distributed Automation,分布式自动化接口)组织,并专门成立了Modbus-IDA组织。该组织的成立为Modbus未来的发展奠定了基础。

Modbus通信协议是应用于电子控制器上的一种通用协议,目前已成为一种通用工业标准。通过此协议,控制器之间或者控制器经由网络(如以太网)与其他设备之间可以通信。Modbus使不同厂商生产的控制设备可以连成工业网络,进行集中监控。Modbus通信协议定义了一个消息帧结构,并描述了控制器请求访问其他设备的过程,控制器如何响应来自其他设备的请求,以及怎样侦测错误并记录。

在Modbus网络上通信时,每个控制器必须知道它们的设备地址,识别按地址发来的消息,决定要做何种动作。如果需要响应,控制器将按Modbus消息帧格式生成反馈信息并发出。

2.Modbus通信协议的版本

Modbus通信协议有多个版本:基于串行链路的版本、基于TCP/IP协议的网络版本以及基于其他互联网协议的网络版本,前面两个版本的实际应用场景较多。

基于串行链路的Modbus通信协议有两种传输模式:Modbus RTU和Modbus ASCII。这两种模式在数值数据表示和协议细节方面略有不同,Modbus RTU是一种紧凑的,采用二进制数据表示的方式,而Modbus ASCII的表示方式则更加冗长;在数据校验方面,Modbus RTU采用循环冗余校验方式,而Modbus ASCII采用纵向冗余校验方式。另外,Modbus RTU模式的节点无法与Modbus ASCII模式的节点通信。

3.Modbus通信的请求与响应

Modbus是一种单主/多从的通信协议,即:在同一时间里,总线上只能有一个主设备,但可以有一个或多个(最多247个)从设备。主设备是指发起通信的设备,而从设备是指接收请求并做出响应的设备。在Modbus网络中,通信总是由主设备发起,从设备没有收到来自主设备的请求时,不会主动发送数据。ModBus通信的请求与响应模型如图2-3所示。

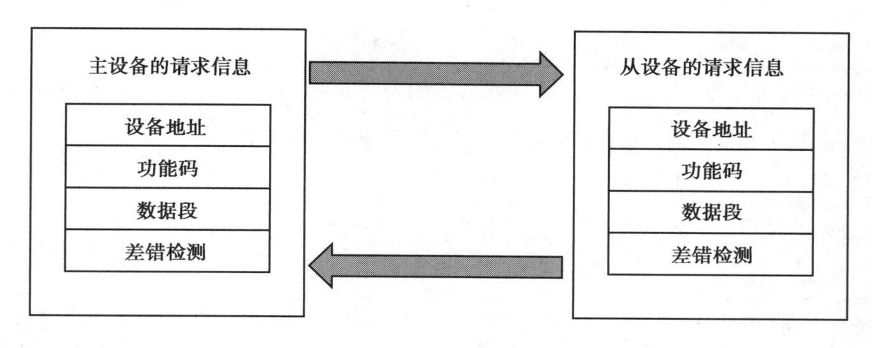

图 2-3 Modbus 通信的请求与响应模型

主设备发送的请求报文包括从设备地址、功能码、数据段以及差错检测字段。这几个字段的内容与作用见表 2-4。

表 2-4 请求报文内容与作用

设备地址	被选中的从设备地址
功能码	告知被选中的从设备要执行何种功能
数据段	包含从设备要执行功能的附加信息。例如:功能码“03”要求从设备读保持寄存器并响应寄存器的内容,则数据段必须包含要求从设备读取寄存器的起始地址及数量
差错检测区	为从机提供一种数据校验方法,以保证信息内容的完整性

从设备的响应信息也包含设备地址、功能码、数据段和差错检测区。其中设备地址为本机地址,数据段则包含了从设备采集的数据,如寄存器值或状态。正常响应时,响应功能码与请求信息中的功能码相同;发生异常时,功能码将被修改以指出响应消息是错误的。差错检测区允许主设备确认消息内容是否可用。

在 Modbus 网络中,主设备向从设备发送 Modbus 请求报文的模式有两种:单播模式与广播模式。

单播模式:主设备寻址单个从设备。主设备向某个从设备发送请求报文,从设备接收并处理完毕后向主设备返回一个响应报文。

广播模式:主设备向 Modbus 网络中的所有从设备发送请求报文,从设备接收并处理完毕后不要求返回响应报文。广播模式请求报文的设备地址为 0,且功能指令为 Modbus 标准功能码中的写指令。

4.Modbus 寄存器

寄存器是 Modbus 通信协议的一个重要组成部分,它用于存放数据。Modbus 寄存器最初借鉴于 PLC(Programmable Logical Controller,可编程控制器),后来随着 Modbus 通信协议的发展,寄存器这个概念也不再局限于具体的物理寄存器,而是慢慢拓展到了内存区域范畴。根据存放的数据类型及其读写特性,Modbus 寄存器被分为 4 种类型,见表 2-5。

表 2-5　Modbus 寄存器的分类与特性

寄存器种类	特性说明	实际应用
线圈状态 (Coil)	输出端口(可读可写),相当于 PLC 的 DO(数字量输出)	LED 显示、电磁阀输出等
离散输入状态 (Discrete Input)	输入端口(只读),相当于 PLC 的 DI(数字量输入)	接近开关、拨码开关等
保持寄存器 (Holding Register)	输出参数或保持参数(可读可写),相当于 PLC 的 AO(模拟量输出)	模拟量输出设定值、PID 运行参数、传感器报警阈值等
输入寄存器 (Input Register)	输入参数(只读),相当于 PLC 的 AI(模拟量输入)	模拟量输入值

5.Modbus 的串行消息帧格式

在计算机网络通信中,帧(Frame)是数据在网络上传输的一种单位,帧一般由多个部分组合而成,各部分执行不同的功能。Modbus 通信协议在不同的物理链路上的消息帧是有差异的,本节主要介绍串行链路上的 Modbus 消息帧格式,包括 ASCII 和 RTU 两种模式的消息帧。

(1) ASCII 消息帧格式

在 ASCII 模式中,消息以冒号(":",ASCII 码 3AH)字符开始,以回车换行符(ASCII 码 0DH,0AH)结束。消息帧的其他域可以使用的传输字符是十六进制的 0~F。

Modbus 网络上的各设备都循环侦测起始位——冒号(":")字符,当接收到起始位后,各设备都解码地址域并判断消息是否是发给自己的。注意:两个消息帧之间的时间间隔最长不能超过 1 s,否则接收的设备将认为传输错误。一个典型的 Modbus ASCII 消息帧见表 2-6。

表 2-6　Modbus ASCII 消息帧格式

起始位	地址	功能代码	数据	LRC 校验	结束符
1 个字符	2 个字符	2 个字符	N 个字符	2 个字符	2 个字符 CR,LF

(2) RTU 消息帧格式

在 RTU 模式中,消息的发送与接收以至少 3.5 个字符时间的停顿间隔为标志。

Modbus 网络上的各设备都不断地侦测网络总线,计算字符间的间隔时间,判断消息帧的起始点。当侦测到地址域时,各设备都对其进行解码以判断该帧数据是否发给自己的。

另外,一帧报文必须以连续的字符流来传输。如果在帧传输完成之前有超过 1.5 字符时间的间隔,则接收设备将认为该报文帧不完整。

一个典型的 Modbus RTU 消息帧见表 2-7。

表 2-7　Modbus RTU 消息帧格式

起始位	地址	功能代码	数据	CRC 校验	结束符
≥3.5 字符	8 位	8 位	N 个 8 位	16 位	≥3.5 字符

(3)消息帧各组成部分的功能

● 地址域

地址域存放了 Modbus 通信帧中的从设备地址。Modbus ASCII 消息帧的地址域包含 2 个字符,Modbus RTU 消息帧的地址域长度为 1 个字节。

在 Modbus 网络中,主设备没有地址,每个从设备都具备唯一的地址。从设备的地址范围为 0~247,其中地址 0 作为广播地址,因此从设备实际的地址范围是 1~247。

在下行帧中,地址域表明只有符合地址码的从机才能接收由主机发送来的消息。上行帧中的地址域指明了该消息帧发自哪个设备。

● 功能码域

功能码指明了消息帧的功能,其取值范围为 1~255(十进制)。在下行帧中,功能码告诉从设备应执行什么动作。在上行帧中,如果从设备发送的功能码与主设备发送的功能码相同,则表明从设备已响应主设备要求的操作;如果从设备没有响应操作或发送出错,则将返回的消息帧中的功能码最高位(MSB)置 1(即:加上 0x80)。例如,主设备要求从设备读一组保持寄存器时,消息帧中的功能码为:0000 0011(0x03),从机正确执行请求的动作后,返回相同的值;否则,从机将返回异常响应信息,其功能码将变为:1000 0011(0x83)。

● 数据域

数据域与功能码紧密相关,存放功能码需要操作的具体数据。数据域以字节为单位,长度是可变的。

● 差错校验

在基于串行链路的 Modbus 通信中,ASCII 模式与 RTU 模式使用了不同的差错校验方法。

在 ASCII 模式的消息帧中,有一个差错校验字段。该字段由两个字符构成,其值是对全部报文内容进行纵向冗余校验(Longitudinal Redundancy Check,LRC)计算得到,计算对象不包括开始的冒号及回车换行符。

与 ASCII 模式不同,RTU 消息帧的差错校验字段由 16 bit 共 2 个字节构成,其值是对全部报文内容进行循环冗余校验(Cyclical Redundancy Check,CRC)计算得到,计算对象包括差错校验域之前的所有字节。将差错校验码添加进消息帧时,先添加低字节然后添加高字节,因此最后一个字节是 CRC 校验码的高位字节。

6.Modbus 功能码

Modbus 功能码是 Modbus 消息帧的一部分,它代表将要执行的动作。以 RTU 模式为例,RTU 消息帧的 Modbus 功能码占用一个字节,取值范围为 1~127。Modbus 标准规定了 3 类

Modbus 功能码:公共功能码、用户自定义功能码和保留功能码。公共功能码是经过 Modbus 协会确认的,被明确定义的功能码,具有唯一性。部分常用的公共功能码见表 2-8。

表 2-8 部分常用的 Modbus 功能码

代码	功能码名称	位/字操作	操作数量
01	读线圈状态	位操作	单个或多个
02	读离散输入状态	位操作	单个或多个
03	读保持寄存器	字操作	单个或多个
04	读输入寄存器	字操作	单个或多个
05	写单个线圈	位操作	单个
06	写单个保持寄存器	字操作	单个
15	写多个线圈	位操作	多个
16	写多个保持寄存器	字操作	多个

用户自定义的功能码由用户自己定义,无法确保其唯一性,代码范围为:65~72 和 100~110。

▶任务实施

一、系统搭建

1.硬件接线

按照图 2-4 所示的系统拓扑图,在上位机上安装“USB 转 485”调试硬件,分别连接调试硬件与 3 个 RS-485 节点的 485-A 与 485-B 端子,使其构成一个 RS-485 通信网络。

两个 RS-485 从机节点分别连接可燃气体传感器与火焰传感器。另外,网关 WAN 口通过网线接外网,LAN 口通过网线连接 PC,PC 需开启 DHCP 或与网关处于同一网段。

智能安防系统拓扑图如图 2-4 所示。

硬件接线如图 2-5 所示。

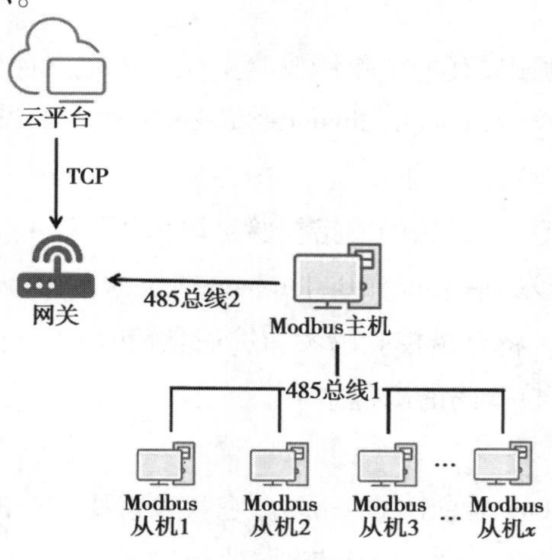

图 2-4 智能安防系统拓扑图

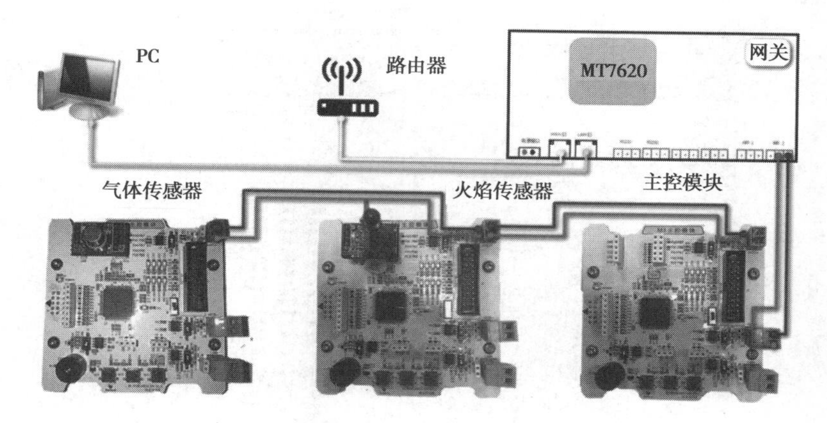

图 2-5　智能安防系统硬件连线图

2. 节点固件下载

选取两个“M3 主控模块”,下载“从机节点”固件,路径为“..\RS-485 总线通信应用\从机节点固件”。选取一个“M3 主控模块”,下载“主机节点”固件,路径为“..\RS-485 总线通信应用\主机节点固件”。

(1)主控模块板设置

将 M3 主控模块板的 JP_1 拨码开关拨向“boot”模式,如图 2-6 所示。

图 2-6　M3 主控模块板烧写设置

(2)配置串行通信与 Flash 参数

使用 ISP(In-System Programming,在线编程)工具“Flash Download Demostrator”进行固件的下载。打开该工具后,需要配置串行通信口及其通信波特率,如图 2-7(a)所示。软件读到硬件设备后,选择 MCU 型号为“STM32F1_High-denity-512k”,单击“Next”按钮,如图 2-7(b)所示。

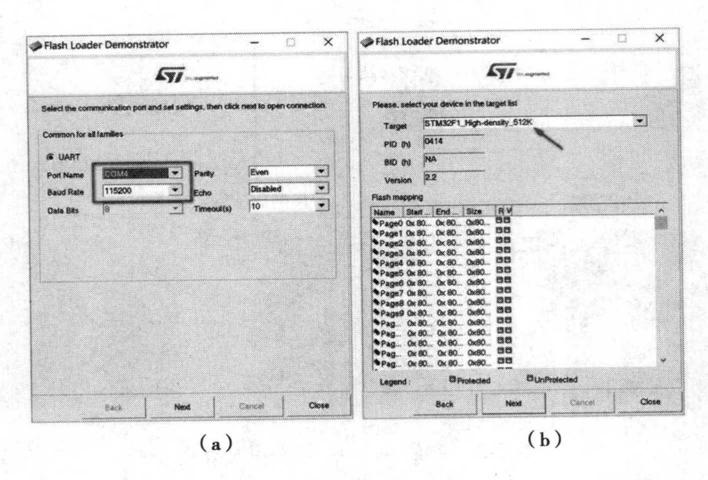

（a）　　　　（b）

图 2-7　配置串行通信与 Flash 参数

(3)选择需要下载的固件

配置好串行通信与 Flash 参数之后，还应对需要下载的固件文件进行选择，如图 2-8 所示。

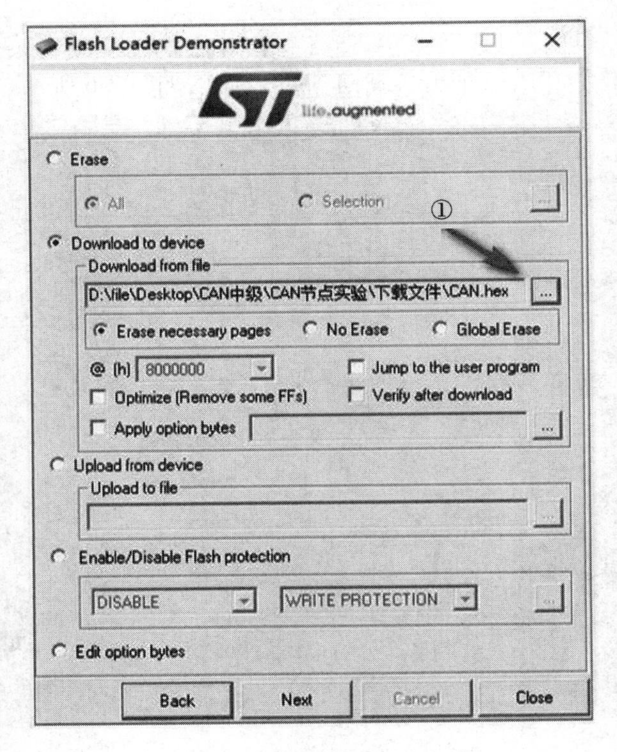

图 2-8　选取合适的固件文件

单击图 2-8 中标号①处的按钮，选取需要下载的固件文件(.hex 后缀名)，然后单击“Next”按键即可开始下载。

按照上述步骤，分别下载另外两个节点的固件。

3.节点配置

使用“M3 主控模块配置工具”(路径:../RS-485 总线通信应用/节点配置工具)进行RS485 节点的配置,注意要先勾选“485 协议”,再打开连接。需要配置的内容有两个,一是节点地址,二是传感器类型。

从机节点 1 的地址配置为“0x0001”,连接传感器类型配置为“火焰传感器”,如图 2-9 所示。从机节点 2 的地址配置为“0x0002”,连接传感器类型配置为“可燃气体传感器”,如图 2-10 所示。

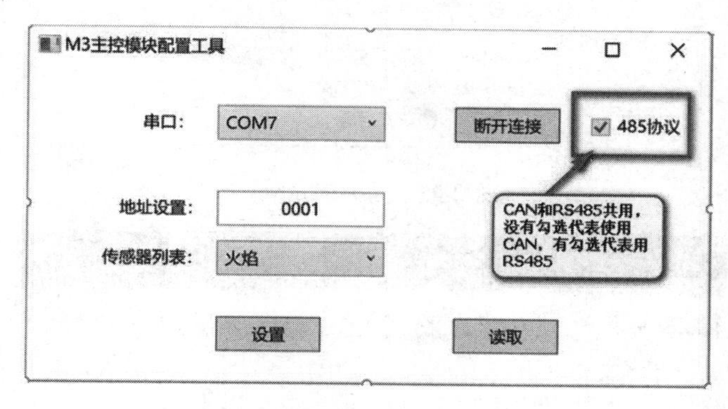

图 2-9　配置 RS-485 节点 1 的地址和传感器类型

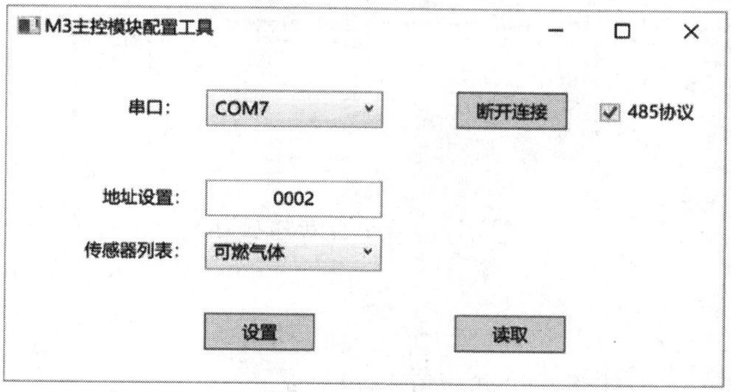

图 2-10　配置 RS-485 节点 2 的地址和传感器类型

二、在云平台上创建项目

1.新建项目

登录云平台,单击“开发者中心”→“开发设置”,确认 ApiKey 有没有过期,如果过期则应重新生成 ApiKey,如图 2-11 所示。

先单击“开发者中心”(标号①处),然后单击“新增项目”(标号②处),如图 2-12 所示。

在弹出的“添加项目”对话框中,可对“项目名称”“行业类别”以及“联网方案”等信息进行填写或选择(标号③处)。

在本案例中,设置“项目名称”为“智能安防系统”,“行业类别”选择“工业物联”,“联网方案”选择“以太网”。

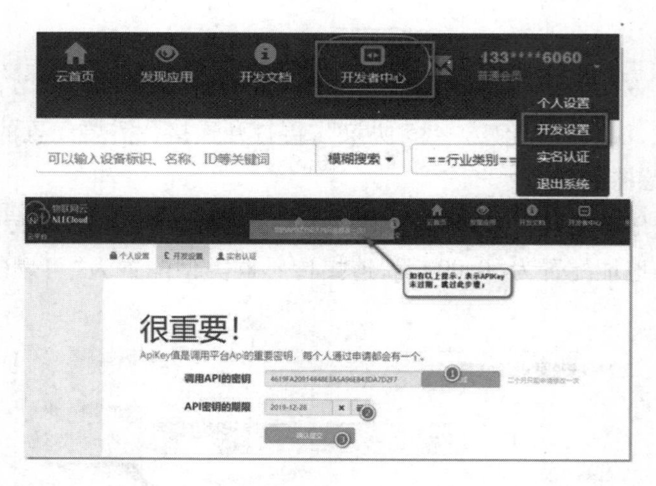

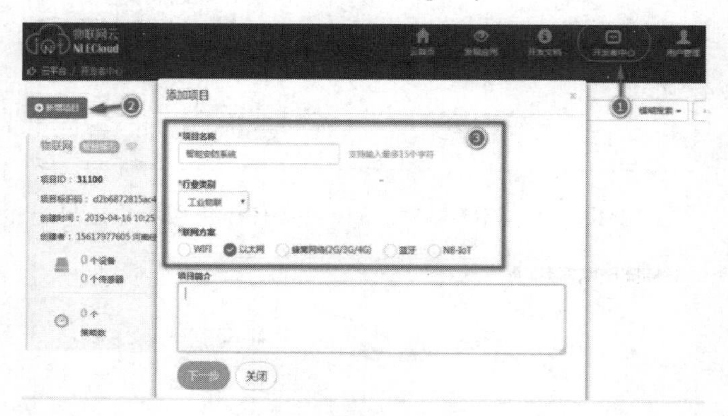

图 2-11　生成 ApiKey

图 2-12　云平台新建项目

2.添加设备

项目新建完毕后,可为其添加设备,如图 2-13 所示。

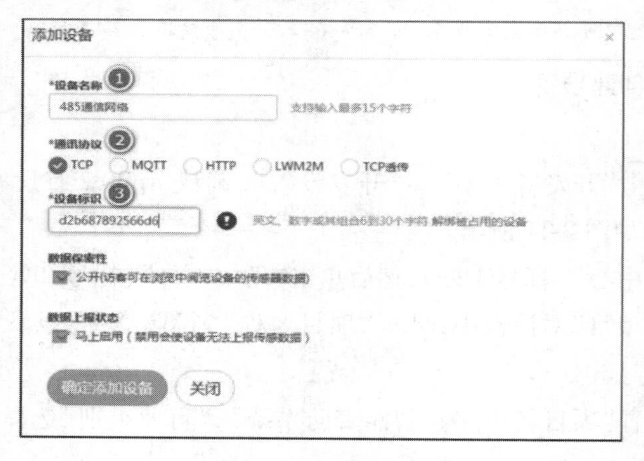

图 2-13　云平台添加设备

从图 2-13 中可以看到,需要对“设备名称”(标号①处)、“通信协议”(标号②处)和“设备标识”(标号③处,可以随便输,只要不重复即可)进行设置。

单击“确定添加设备”按钮,添加设备完成后如图 2-14 所示。

图 2-14　添加设备完成效果

将图 2-14 中标号②处的“设备标识”和标号③处的“传输密钥”记下,网关配置时需用到这些信息。

3.配置网关接入云平台

将网关的 LAN 口与 PC 通过网线相连,WAN 口与外网相连。

确认网关与 PC 处于同一网段后,打开 PC 机上的浏览器,在地址栏输入“192.168.14.200:8400”(以从网关获取的实际 IP 地址为准,这里仅供参考)进入配置界面。

单击标号①处的标签,将出现图 2-15 所示的网关配置界面。在此界面的标号②~⑦处填写好对应的内容,单击标号⑧处的“设置”按钮即可完成网关的配置。

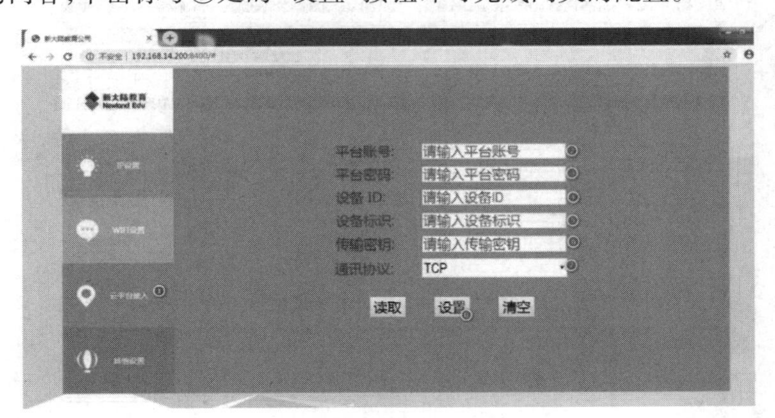

图 2-15　网关配置界面

物联网网关配置参数配置完毕,单击“设置”按钮,物联网网关系统自动重启,通过 20 s 左右,网关系统初始化完毕。刷新网页,可以看到网关上线了,并且自动识别了 Modbus 总线上接的传感器设备,如图 2-16 所示。

4.系统运行情况分析

用户可查看实时上报的数据,如图 2-17 所示,单击①处打开实时数据显示开关,可以看到实时数据显示在②处,并且每隔 5 s 刷新一次。

图 2-16　自动识别到的传感器

图 2-17　实时数据显示的效果

用户也可以查看历史数据，如图 2-18 所示。

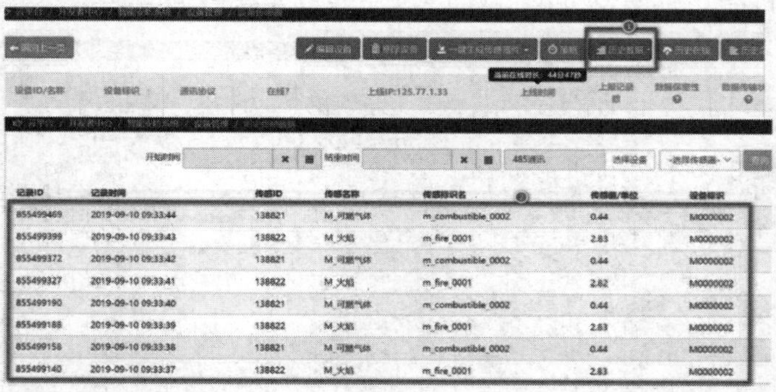

记录ID	记录时间	传感ID	传感名称	传感标识名	传感值/单位	设备标识
855499469	2019-09-10 09:33:44	138821	M_可燃气体	m_combustible_0002	0.44	M0000002
855499399	2019-09-10 09:33:43	138822	M_火焰	m_fire_0001	2.83	M0000002
855499372	2019-09-10 09:33:42	138821	M_可燃气体	m_combustible_0002	0.44	M0000002
855499327	2019-09-10 09:33:41	138822	M_火焰	m_fire_0001	2.82	M0000002
855499190	2019-09-10 09:33:40	138821	M_可燃气体	m_combustible_0002	0.44	M0000002
855499188	2019-09-10 09:33:39	138822	M_火焰	m_fire_0001	2.83	M0000002
855499158	2019-09-10 09:33:38	138821	M_可燃气体	m_combustible_0002	0.44	M0000002
855499140	2019-09-10 09:33:37	138822	M_火焰	m_fire_0001	2.83	M0000002

图 2-18　实时数据显示的效果

▶任务练习

一、单选题

1.关于 RS-485 总线的说法，正确的是(　　)。

A.信号电平为 TTL 电平　　　　B.采用并行数据通信

C.采用双绞线　　　　D.信号电平为差分信号

2.在基于 RS-485 的 MODBUS 通信中，主节点发送的报文是：02 02 00 00 00 01 B9 F9，则下列说法正确的是(　　)。

A.此报文请求读取保持寄存器的值　　B.寄存器的起始地址是 0000

C.寄存器个数是 02　　D.从节点地址是 01

3.在基于 RS-485 的 MODBUS 通信中,主节点发送的报文是:02 02 00 00 00 01 B9 F9,则响应报文正确的是(　　)。

A.02 02 01 01 60 0C　　B.02 02 02 01 60 0C

C.02 02 01 00 01 60 0C　　D.02 02 02 00 60 0C

4.下列关于 Modbus 通信协议的说法,错误的是(　　)。

A.Modbus 通信协议由施耐德电子公司开发

B.Modbus 网络上通信时,每个控制器必须具备设备地址

C.Modbus 通信协议具有 ASCII 和 RTU 两种工作模式,两种模式间可相互通信

D.Modbus 通信协议采用了数据校验方式

5.Modbus 功能码 0x05 的作用是(　　)。

A.读线圈状态　　B.读保持寄存器

C.写单个线圈　　D.写单个保持寄存器

E.以上都有

▶任务评价

<table>
<tr><td colspan="2">班级</td><td colspan="2"></td><td colspan="2">姓名</td><td colspan="2"></td></tr>
<tr><td colspan="2">学习日期</td><td colspan="2"></td><td colspan="2">等级</td><td colspan="2"></td></tr>
<tr><td>序号</td><td>时段</td><td colspan="4">任务准备过程</td><td>分值/分</td><td>得分/分</td></tr>
<tr><td>1</td><td>课前
(20%)</td><td colspan="4">①按照 7S 标准着装规范、入场有序、工位整洁(10 分)
②准备实训平台、耗材、工具、学习资讯等(10 分)</td><td>20</td><td></td></tr>
<tr><td rowspan="2">2</td><td rowspan="10">课中
(80%)</td><td colspan="4">情感态度评价</td><td rowspan="2">10</td><td rowspan="2"></td></tr>
<tr><td colspan="4">小组学习氛围浓厚,沟通协作好,具有文明规范操作职业习惯(10 分)</td></tr>
<tr><td rowspan="8">3</td><td>任务工作过程评价</td><td>自评</td><td>互评</td><td>师评</td><td rowspan="8">70</td><td rowspan="8"></td></tr>
<tr><td>①按照连线图,硬件连接正确(10 分)</td><td></td><td></td><td></td></tr>
<tr><td>②传感器节点固件下载正确(10 分)</td><td></td><td></td><td></td></tr>
<tr><td>③传感器节点配置正确(10 分)</td><td></td><td></td><td></td></tr>
<tr><td>④云平台上项目创建成功(10 分)</td><td></td><td></td><td></td></tr>
<tr><td>⑤网关接入云平台配置正确(10 分)</td><td></td><td></td><td></td></tr>
<tr><td>⑥云平台上传感器数据情况正常(10 分)</td><td></td><td></td><td></td></tr>
<tr><td>⑦串口调试助手查看传感器数据情况正常(10 分)</td><td></td><td></td><td></td></tr>
<tr><td colspan="6">总分</td><td>100</td><td></td></tr>
<tr><td>备注</td><td colspan="7">A.80~100 分;B.70~79 分;C.60~69 分;D.60 分以下</td></tr>
</table>

▶任务小结

请总结本次任务过程中的优缺点，并提出改进计划，写入下表。

完成事项	优点	存在问题	改进计划
任务实施			
任务练习			
其他			

任务二　CAN 总线技术应用

▶任务描述

在工业生产线上，对生产环境数据要进行实时的监测，需要搭建一个基于 CAN 总线的生产线环境监测系统，监测环境温湿度和火焰数据。

▶任务目标

①理解 CAN 总线基础知识；

②理解 CAN 控制器与 CAN 收发器芯片的接口方式与典型应用电路；

③掌握 CAN 总线通信系统的接线方式，并能搭建 CAN 总线网络，实现组网通信。

▶任务准备

一、CAN 总线基础知识

1.CAN 总线概述

CAN(Controller Area Network，控制器局域网)由德国 Bosch 公司于 1983 年开发，最早被应用于汽车内部控制系统的监测与执行机构间的数据通信，目前是国际上应用最广泛的现场总线之一。

近年来，由于 CAN 总线具备高可靠性、高性能、功能完善和成本较低等优势，其应用领域已从最初的汽车工业慢慢渗透进航空工业、安防监控、楼宇自动化、工业控制、工程机械、医疗器械等领域。例如，现今的酒店客房管理系统集成了门禁、照明、通风、加热和各种报警安全监测等设备，这些设备通过CAN总线连接在一起，形成各种执行器和传感器的联动，这样的系统架构为用户提供了实时监测各单元运行状态的可能性。CAN总线具有以下主要特性：

- 数据传输距离远（最远10 km）；
- 数据传输速率高（最高数据传输速率1 MB/s）；
- 具备优秀的仲裁机制；
- 使用筛选器实现多地址的数据帧传递；
- 借助遥控帧实现远程数据请求；
- 具备错误检测与处理功能；
- 具备数据自动重发功能；
- 故障节点可自动脱离总线且不影响总线上其他节点的正常工作。

2.CAN技术规范与标准

1991年9月，Philips制定并发布了CAN技术规范V2.0版本。这个版本的CAN技术规范包括A和B两部分，其中2.0A版本技术规范只定义了CAN报文的标准格式，而2.0B版本则同时定义了CAN报文的标准与扩展两种格式。1993年11月，ISO组织正式颁布了CAN国际标准ISO 11898与ISO 11519。ISO 11898标准的CAN通信数据传输速率为125 kB/s~1 MB/s，适合高速通信应用场景；而ISO 11519标准的CAN通信数据传输速率为125 kB/s以下，适合低速通信应用场景。

CAN技术规范主要对OSI基本参照模型中的物理层（部分）、数据链路层和传输层（部分）进行了定义。

ISO 11898与ISO 11519标准则对数据链路层及物理层的一部分进行了标准化，如图2-19所示。

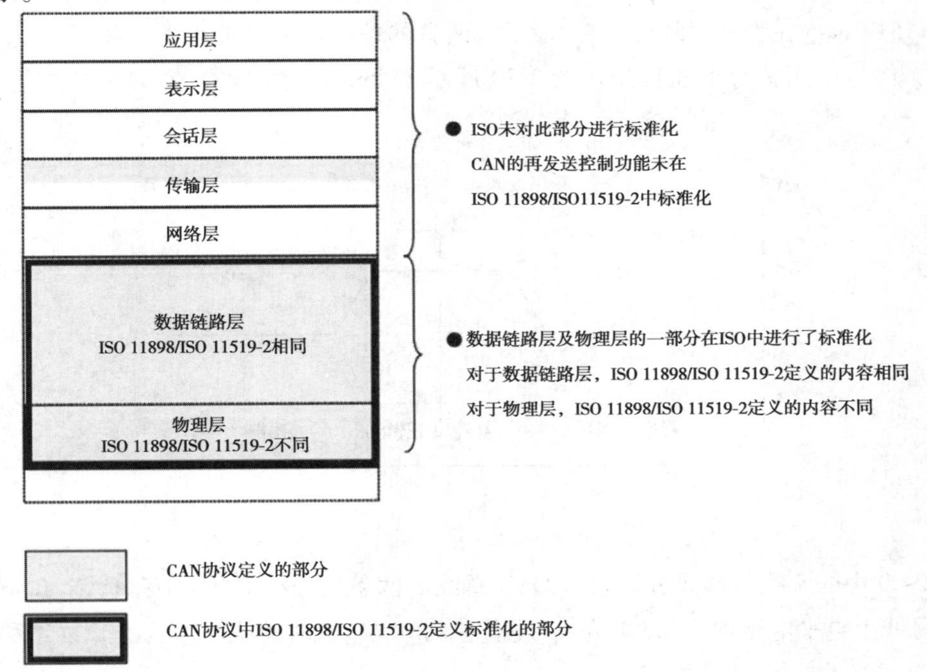

图2-19　OSI基本参照模型与CAN标准

ISO 组织并未对 CAN 技术规范的网络层、会话层、表示层和应用层等部分进行标准化，而美国汽车工程师学会（Society of Automotive Engineers，SAE）等其他组织、团体和企业则针对不同的应用领域对 CAN 技术规范进行了标准化。这些标准对 ISO 标准未涉及的部分进行了定义，它们属于 CAN 应用层协议。常见的 CAN 标准及其详情见表 2-9。

表 2-9　常见的 CAN 标准

序号	标准名称	制定组织	波特率	物理层线缆规格	适用领域
1	SAE J1939-11	SAE	250 k	双线式、屏蔽双绞线	卡车、大客车
2	SAE J1939-12	SAE	250 k	双线式、屏蔽双绞线	农用机械
3	SAE J2284	SAE	500 k	双线式、双绞线（非屏蔽）	汽车（高速：动力、传动系统）
4	SAE J24111	SAE	33.3 k，83.3 k	单线式	汽车（低速：车身系统）
5	NMEA-2000	NEMA	62.5 k，125 k，250 k，500 k，1 M	双线式、屏蔽双绞线	船舶
6	DeviceNet	ODVA	125 k，250 k，500 k	双线式、屏蔽双绞线	工业设备
7	CANopen	CiA	10 k，20 k，50 k，125 k，250 k，500 k，800 k，1 M	双线式、双绞线	工业设备
8	SDS	Honeywell	125 k，250 k，500 k，1 M	双线式、屏蔽双绞线	工业设备

3.CAN 总线的报文信号电平

总线上传输的信息被称为报文，总线规范不同，其报文信号电平标准也不同。ISO 11898 和 ISO 11519 标准在物理层的定义有所不同，两者的信号电平标准也不尽相同。CAN 总线上的报文信号使用差分电压传送。图 2-20 展示了 ISO 11898 标准的 CAN 总线信号电平标准。

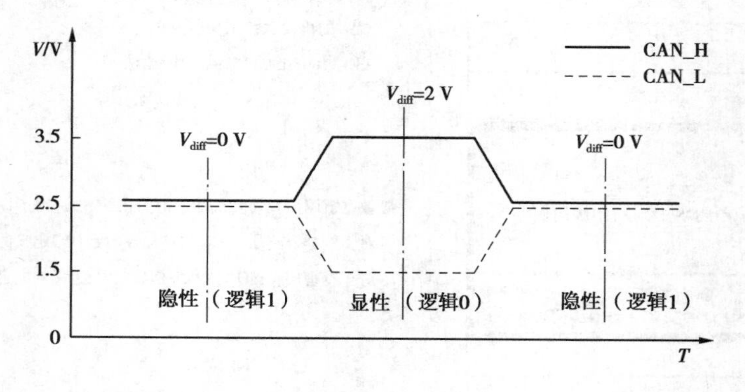

图 2-20　ISO 11898 标准的 CAN 总线信号电平标准

图 2-20 中的实线与虚线分别表示 CAN 总线的两条信号线 CAN_H 和 CAN_L。静态时两条信号线上电平电压均为 2.5 V 左右（电位差为 0 V），此时的状态表示逻辑 1（或称“隐性

电平”状态）。当 CAN_H 上的电压值为 3.5 V 且 CAN_L 上的电压值为 1.5 V 时，两线的电位差为 2 V，此时的状态表示逻辑 0（或称“显性电平”状态）。

4.CAN 总线的网络拓扑与节点硬件

CAN 总线的网络拓扑结构如图 2-21 所示。

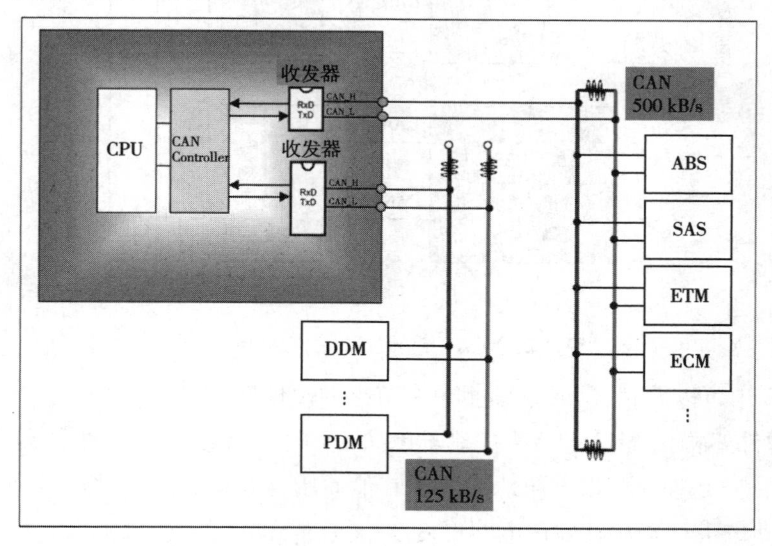

图 2-21　CAN 总线网络拓扑图

图 2-21 展示的 CAN 总线网络拓扑包括两个网络：其中一个是遵循 ISO 11898 标准的高速 CAN 总线网络（传输速率为 500 kB/s），另一个是遵循 ISO 11519 标准的低速 CAN 总线网络（传输速率 125 kB/s）。高速 CAN 总线网络被应用在汽车动力与传动系统，它是闭环网络，总线最大长度为 40 m，要求两端各有一个 120 Ω 的电阻。低速 CAN 总线网络被应用在汽车车身系统，它的两根总线是独立的，不形成闭环，要求每根总线上各串联一个 2.2 kΩ 的电阻。

5.CAN 通信帧

CAN 总线上的数据通信基于以下 5 种类型的通信帧，它们的名称与用途见表 2-10。

表 2-10　CAN 总线的帧类型和用途

序号	帧类型	帧用途
1	数据帧	用于发送单元向接收单元传送数据
2	遥控帧	用于接收单元向具有相同 ID 的发送单元请求数据
3	错误帧	用于当检测出错误时向其他单元通知错误
4	过载帧	用于接收单元通知发送单元其尚未做好接收准备
5	帧间隔	用于将数据帧及遥控帧与前面的帧分离开

二、CAN 控制器和收发器

1.CAN 节点的硬件构成

在学习 CAN 控制器与收发器之前，先看下 CAN 总线上单个节点的硬件架构，如图 2-22 所示。

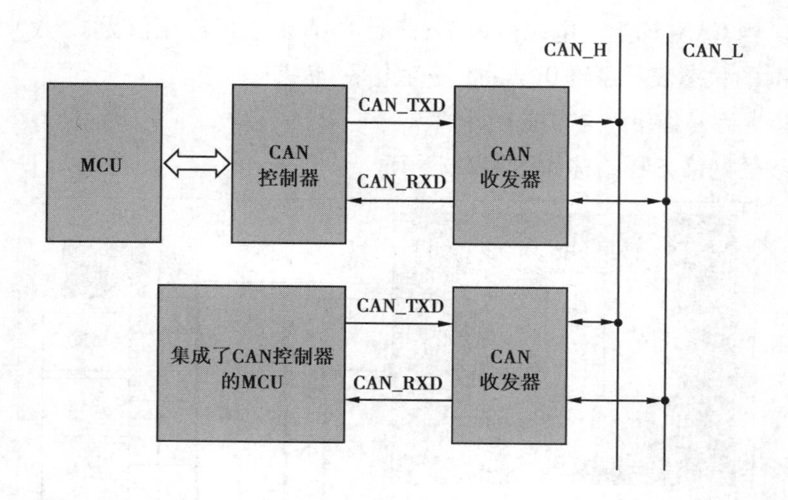

图 2-22　CAN 总线上节点的硬件架构

从图 2-22 中可以看到,CAN 总线上单个节点的硬件架构有两种方案。

第一种硬件架构由 MCU、CAN 控制器和 CAN 收发器组成。这种方案采用了独立的 CAN 控制器,优点是程序可以方便地移植到其他使用相同 CAN 控制器芯片的系统,缺点是需要占用 MCU 的 I/O 资源且硬件电路更复杂一些。

第二种硬件架构由集成了 CAN 控制器的 MCU 和 CAN 收发器组成。这种方案的硬件电路简单,缺点是用户编写的 CAN 驱动程序只适用某个系列的 MCU(如 ST 公司的 STM32F103、TI 的 TMS320LF2407 等),可移植性较差。

2.CAN 控制器

CAN 控制器是一种实现"报文"与"符合 CAN 规范的通信帧"之间相互转换的器件,它与 CAN 收发器相连,以便在 CAN 总线上与其他节点交换信息。

(1)CAN 控制器的分类

CAN 控制器主要分为两类:一类是独立的控制器芯片,如 NXP 半导体的 MCP2515、SJA1000 等;另一类与微控制器集成在一起,如 NXP 半导体的 P87C591 和 LPC11Cxx 系列微控制器,ST 公司的 STM32F103 系列和 STM32F407 系列等。

(2)CAN 控制器的结构

CAN 控制器内部的结构示意图如图 2-23 所示。

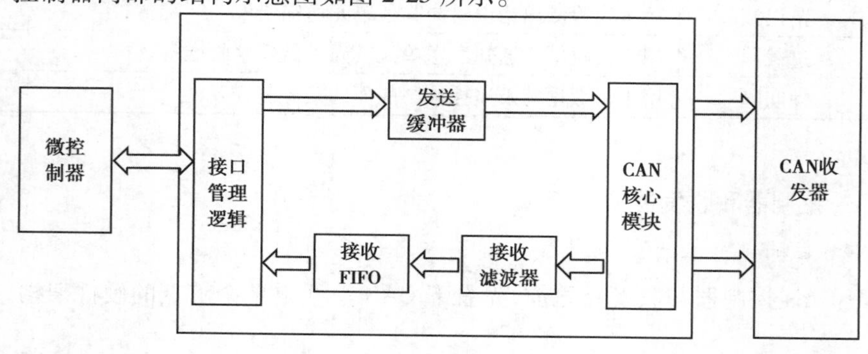

图 2-23　CAN 控制器结构示意图

3.CAN 收发器

CAN 收发器是 CAN 控制器与 CAN 物理总线之间的接口,它将 CAN 控制器的"逻辑电平"转换为"差分电平",并通过 CAN 总线发送出去。

根据 CAN 收发器的特性,可将其分为以下四种类型。

通用 CAN 收发器:常见型号有 NXP 半导体的 PCA82C250 芯片。

隔离 CAN 收发器:其特性是具有隔离、ESD 保护及 TVS 管防总线过压的功能,常见型号有 CTM1050 系列、CTM8250 系列等。

高速 CAN 收发器:其特性是支持较高的 CAN 通信速率,常见型号有 NXP 半导体的 SN65HVD230,TJA1050,TJA1040 等。

容错 CAN 收发器:这种收发器可以在总线出现破损或短路的情况下保持正常运行,对于易出故障领域的应用具有至关重要的意义,常见型号有 NXP 半导体的 TJA1054,TJA1055 等。

接下来以 NXP 半导体的 SN65HVD230 为例,讲解 CAN 收发器芯片的工作原理与典型应用电路,图 2-24 展示了基于 CAN 总线的多机通信系统接线图。

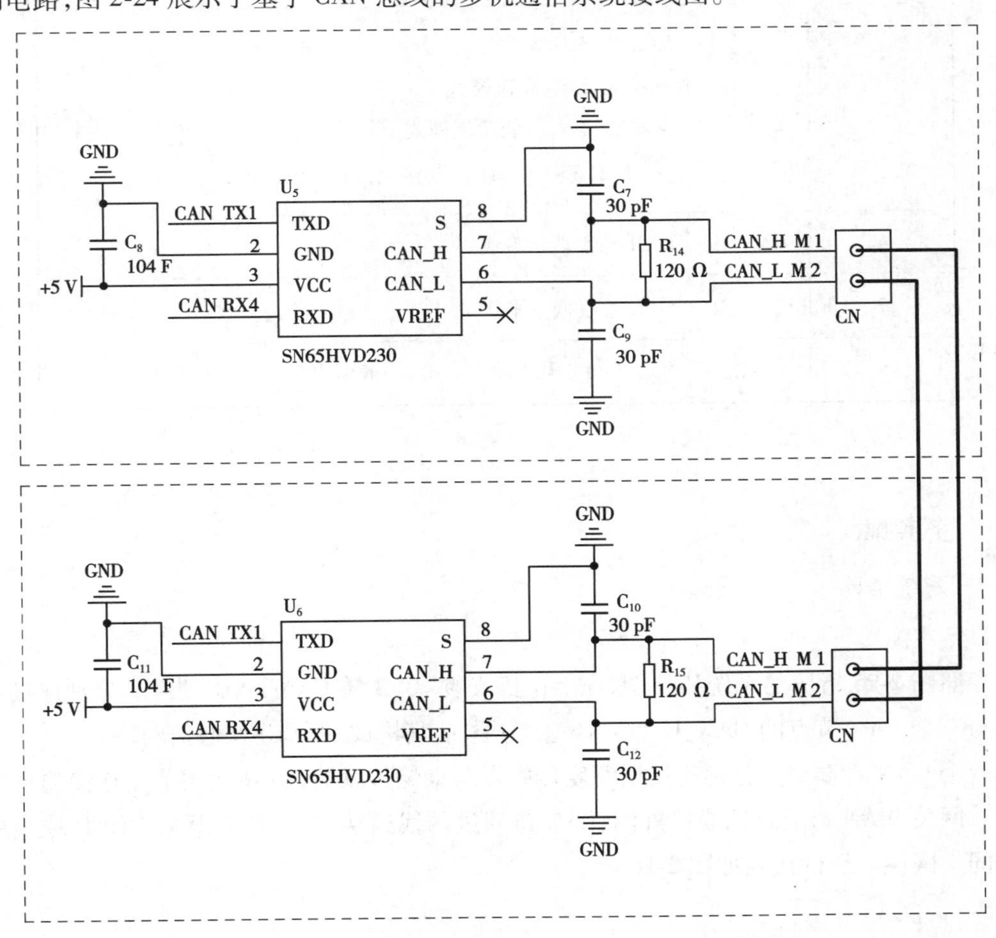

图 2-24　基于 CAN 总线的多机通信系统接线图

在图 2-24 中，电阻 R_{14} 与 R_{15} 为终端匹配电阻，其阻值为 120 Ω。SN65HVD230 芯片的封装是 SOP-8，RXD 与 TXD 分别为数据接收与发送引脚，它们用于连接 CAN 控制器的数据收发端。CAN_H、CAN_L 两端用于连接 CAN 总线上的其他设备，所有设备以并联的形式接在 CAN 总线上。

目前市面上各个半导体公司生产的 CAN 收发器芯片的管脚分布情况几乎相同，具体的管脚功能描述见表 2-11。

表 2-11　CAN 收发器芯片的管脚功能描述

管脚编号	名称	功能描述
1	TXD	CAN 发送数据输入端（来自 CAN 控制器）
2	GND	接地
3	VCC	接 3.3 V 供电
4	RXD	CAN 接收数据输出端（发往 CAN 控制器）
5	S	模式选择引脚 • 拉低接地：高速模式 • 拉高接 V_{CC}：低功耗模式 • 10 kΩ 至 100 kΩ 拉低接地：斜率控制模式
6	CAN_H	CAN 总线高电平线
7	CAN_L	CAN 总线低电平线
8	VREF	$V_{CC}/2$ 参考电压输出引脚，一般留空

▶任务实施

一、系统搭建

1.硬件接线

参照图 2-25 所示的系统拓扑图，在上位机安装“USB 转 CAN”调试硬件。分别连接调试硬件与三个 CAN 节点的 CAN_H 与 CAN_L 端子，使其构成一个 CAN 通信网络。

两个 CAN 终端节点分别连接温湿度传感器与火焰传感器，CAN 网关节点连接温湿度传感器。网关 WAN 口通过网线接外网，LAN 口通过网线连接 PC，PC 需开启 DHCP 或与网关处于同一网段。硬件接线如图 2-26 所示。

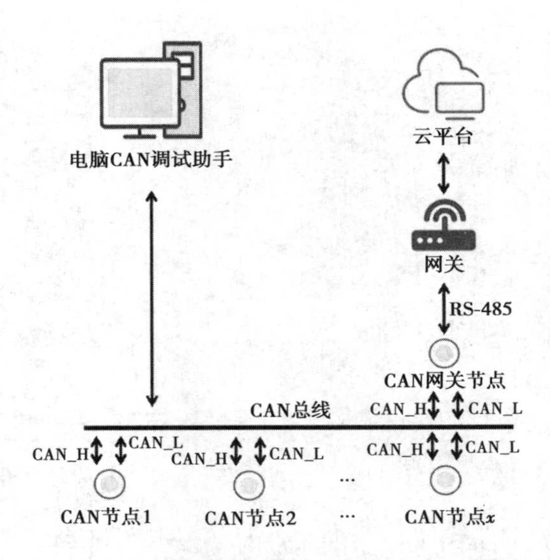

图 2-25　生产线环境监测系统拓扑图

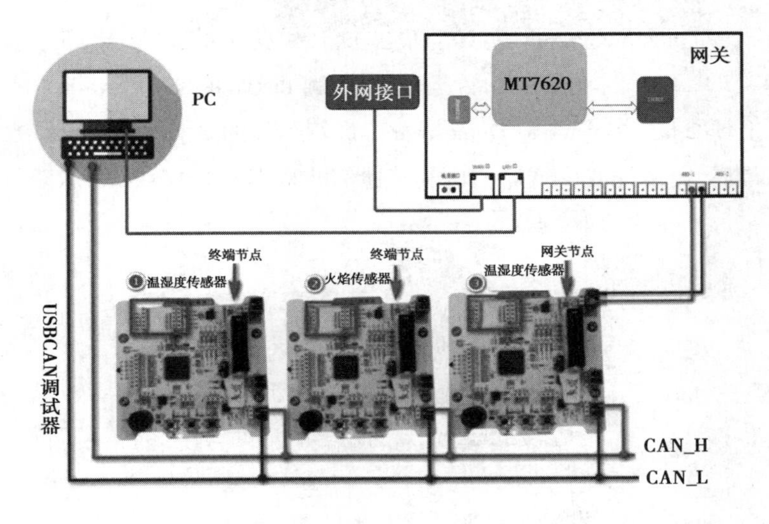

图 2-26　生产线环境监测系统硬件连线图

2.节点固件下载

操作视频

选取两个“M3 主控模块”，下载“节点”固件，路径为“..\CAN 总线通信应用\节点固件”。选取一个“M3 主控模块”，下载“网关节点”固件，路径为“..\CAN 总线通信应用\网关节点固件”。

（1）配置串行通信口及其通信波特率

M3 主控模块拨到 BOOT 状态（图 2-27），按一下复位键。烧写时只允许一个 M3 主控模块上电。

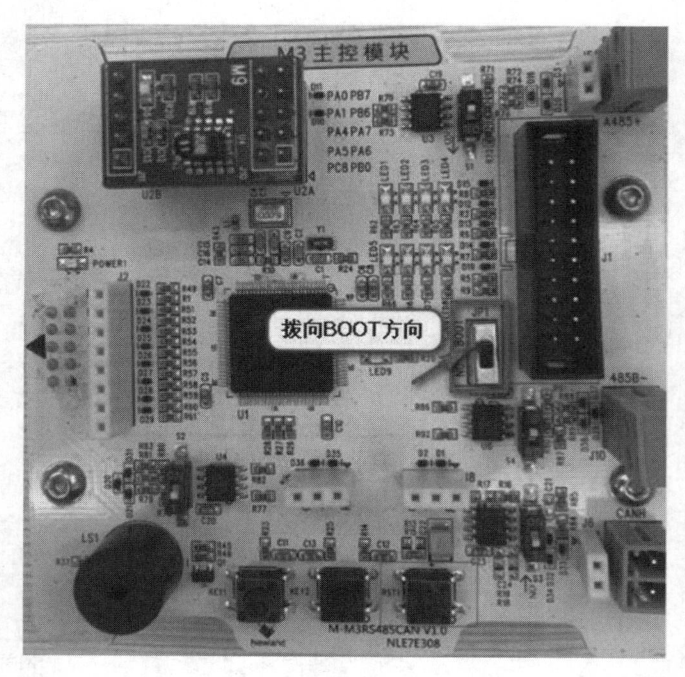

图 2-27　M3 主控模块拨到 BOOT 状态

使用 ISP 工具“Flash Download Demostrator”进行固件的下载。

打开该工具后，需要配置串行通信口及其通信波特率，如图 2-28 所示。

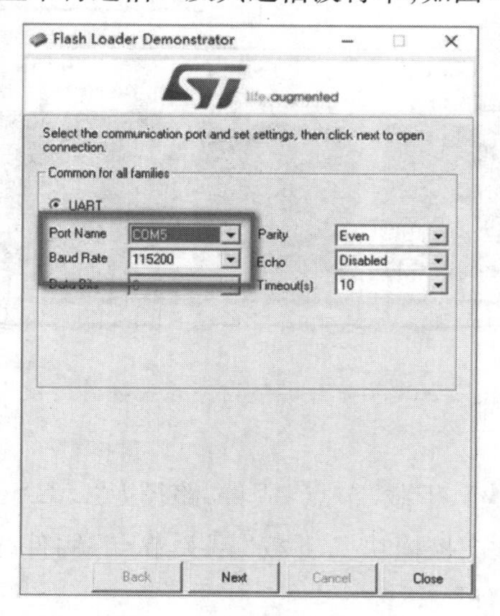

图 2-28　下载工具的配置

(2)选择需要下载的固件

配置好串行通信口及其通信波特率之后，还应对需要下载的固件文件进行选择，如图 2-29所示。单击图 2-29 中标号①处的按钮，选取需要下载的固件文件(.hex 后缀名)，然后单击“Next”按键即可开始下载。

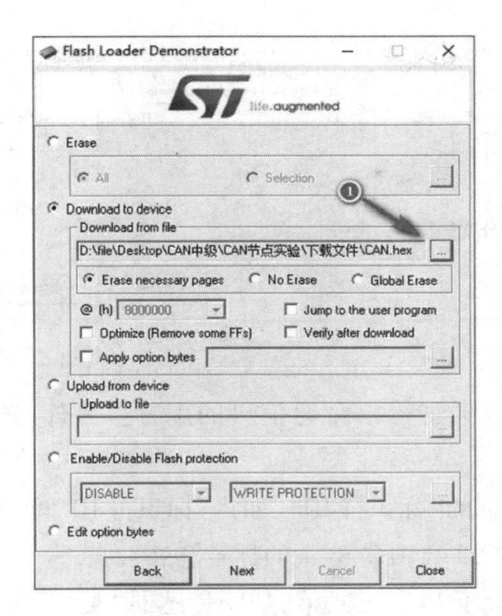

图 2-29　选取合适的固件文件

烧写完成后,拨到 NC 状态,按一下复位键。按照上述步骤,分别下载另外两个节点的固件。

3.节点配置

使用“M3 主控模块配置工具”(路径:.../CAN 总线通信应用/节点配置工具)进行 CAN 节点的配置,如图 2-30—图 2-32 所示。

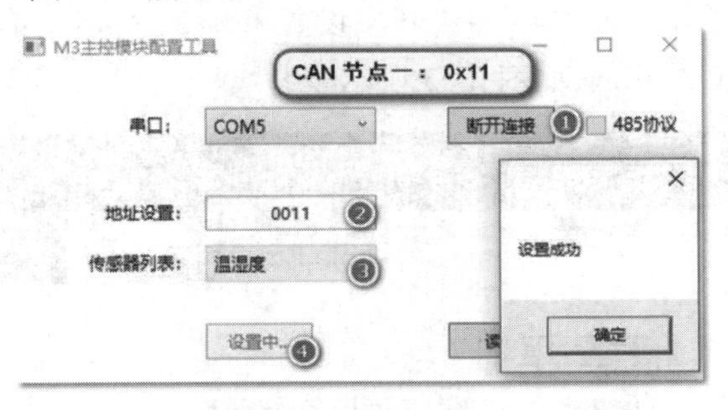

图 2-30　M3 主控模块配置工具截图 1

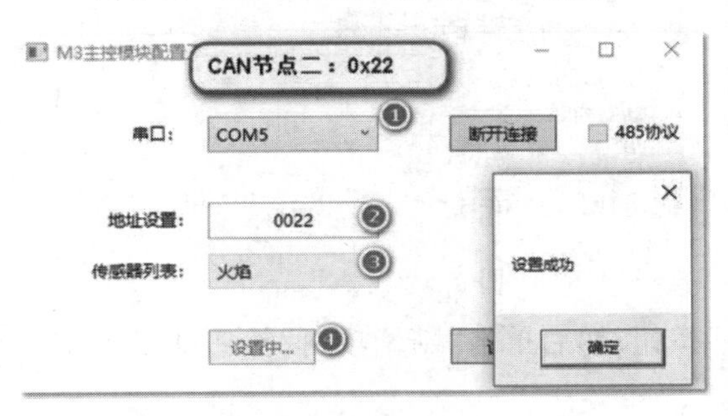

图 2-31　M3 主控模块配置工具截图 2

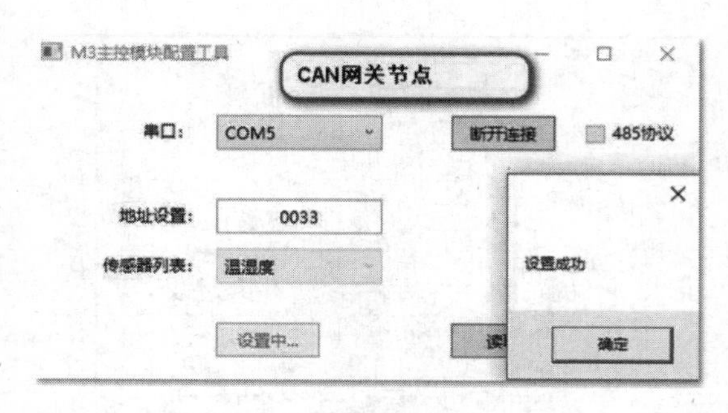

图 2-32　M3 主控模块配置工具截图 3

单击图 2-30 中的标号①进行串行通信口的配置。另外，还有以下两项需要配置的内容。

一是配置节点发送数据的“标识符 ID”，如将“标识符 ID”配置为“0x0011”，则需要在图中的“地址设置”中填入“0011”(图 2-30 中的标号②处)。

二是配置节点所连接的传感器“类型”，如将传感器“类型”配置为“温湿度”，则需要在“传感器列表”中选择“温湿度”(图 2-31 中的标号③处)，最后单击“设置按钮”(图 2-31 中的标号④处)即可完成一个节点的配置。

按照上述步骤，配置另外两个节点的“标识符 ID”和“传感器类型”。

二、在云平台上创建项目

操作视频

1. 新建项目

登录云平台，单击“开发者中心”→“开发设置”，确认 ApiKey 有没有过期，如果过期则应重新生成 ApiKey，如图 2-33 所示。

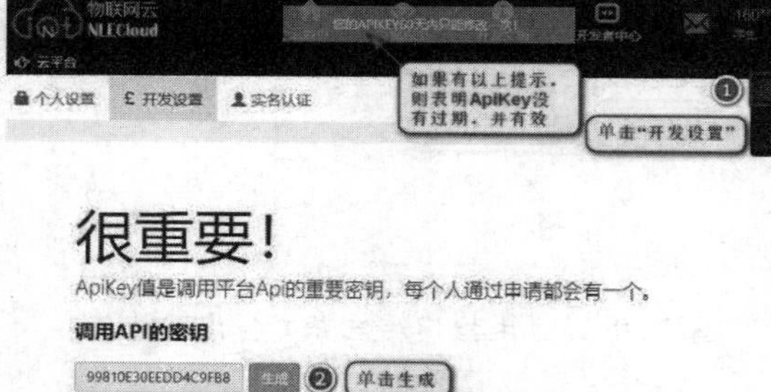

图 2-33　生成 ApiKey

单击“开发者中心”按钮，然后单击“新增项目”按钮即可新建一个项目，如图 2-34 所示。

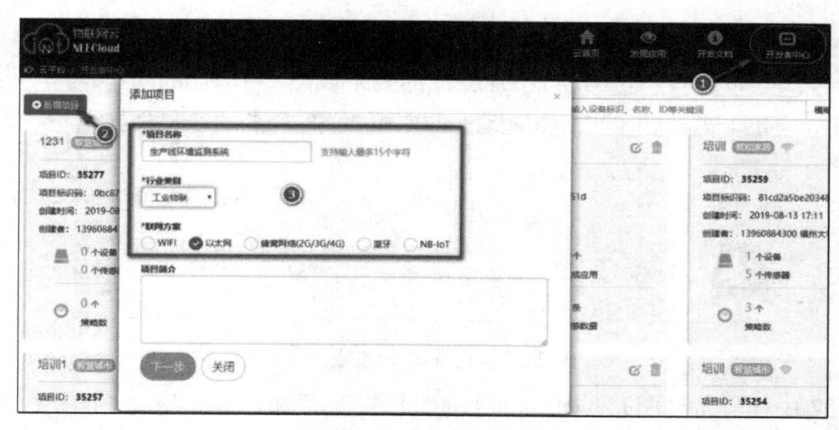

图 2-34　云平台新建项目

在弹出的“添加项目”对话框中，可对“项目名称”“行业类别”“联网方案”等信息进行填充（图 2-34 中的标号③处）。在本案例中，设置“项目名称”为“生产线环境监测系统”，“行业类别”选择“工业物联”，“联网方案”选择“以太网”。项目建立完成的效果如图 2-35 所示。

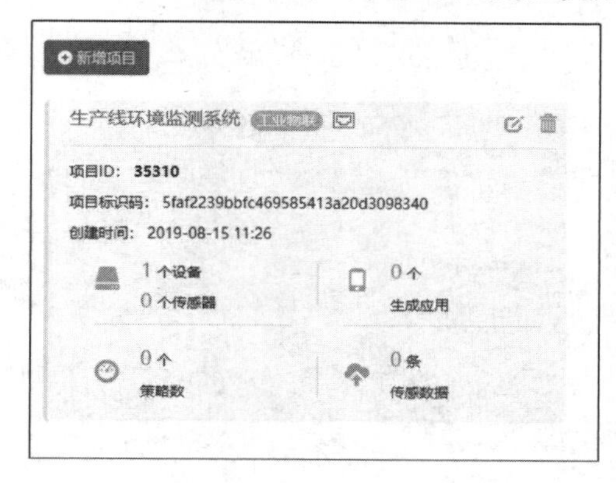

图 2-35　云平台项目建立完成

2. 添加设备

项目新建完毕后，可为其添加设备，如图 2-36 所示。

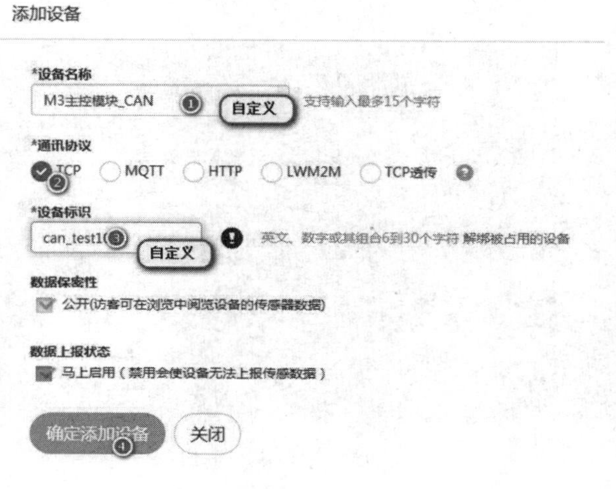

图 2-36　云平台添加设备

从图 2-36 中可以看到,需要对“设备名称”(标号①处)、“通讯协议”(标号②处)和“设备标识”(标号③处)进行设置。设备添加完成的效果如图 2-37 所示。

图 2-37　设备添加完成效果

将图 2-37 中标号①处“设备 ID”,②处的“设备标识”和标号③处的“传输密钥”记下,网关配置时需用到这些信息。至此云平台配置完毕。

3. 配置网关接入云平台

登录物联网网关系统管理界面 192.168.14.200:8400(IP 可自行设置+端口号固定),如图 2-38 所示。

图 2-38　网关管理系统界面

单击“云平台接入”,按实际情况输入①—⑥处的信息后单击“设置”按钮,如图 2-39 所示。

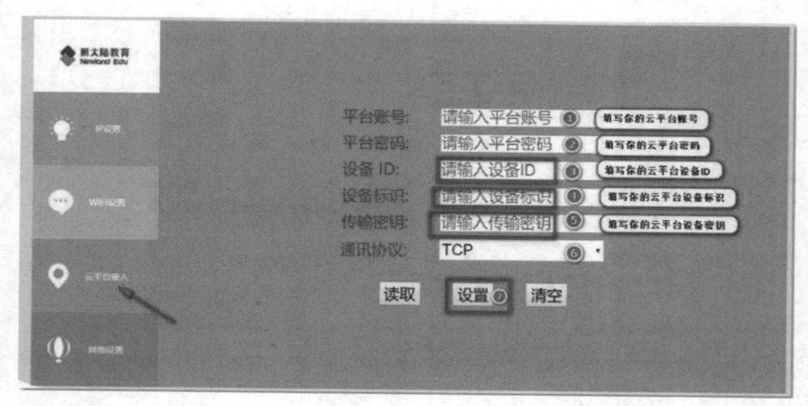

图 2-39　网关参数填写

物联网网关配置参数配置完毕，单击⑦设置按钮，物联网网关系统自动重启，20 s 左右，网关系统初始化完毕，刷新网页，可以看到网关上线，并自动识别接入设备的标识，如图 2-40 所示。

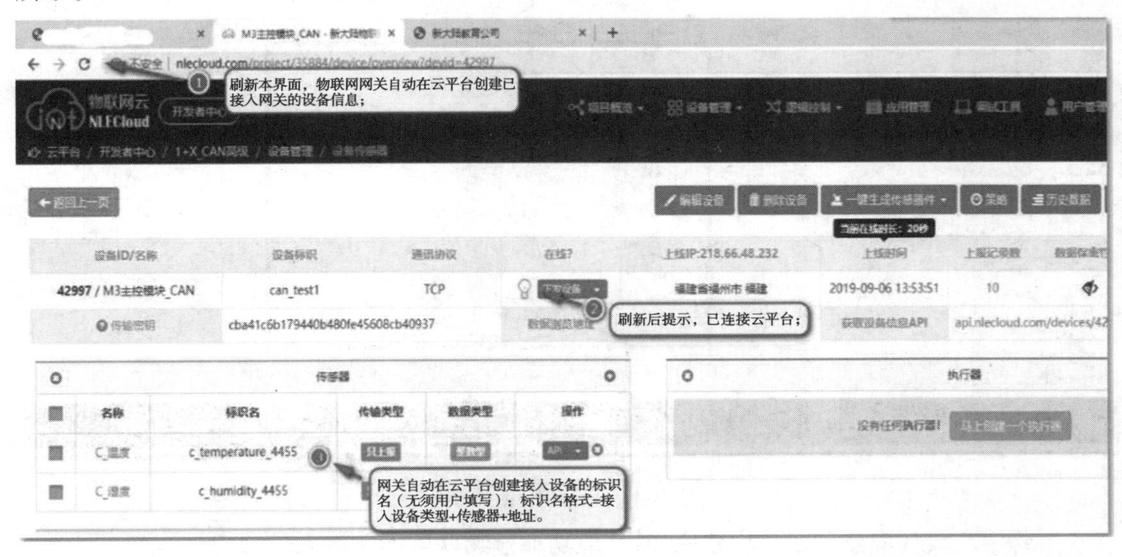

图 2-40　网关上线

4.系统运行情况分析

用户可查看实时上报的数据，如图 2-41 所示，单击①处打开实时数据显示开关，可以看到实时数据显示在②处，如图 2-42 所示，并且每隔 5 s 刷新一次。

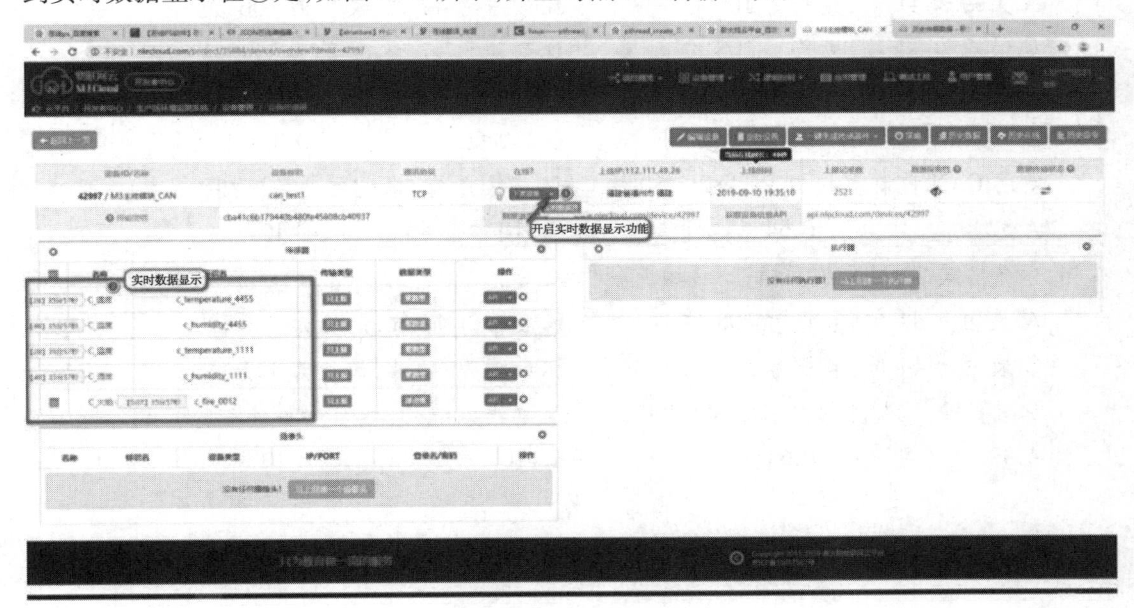

图 2-41　查看实时数据

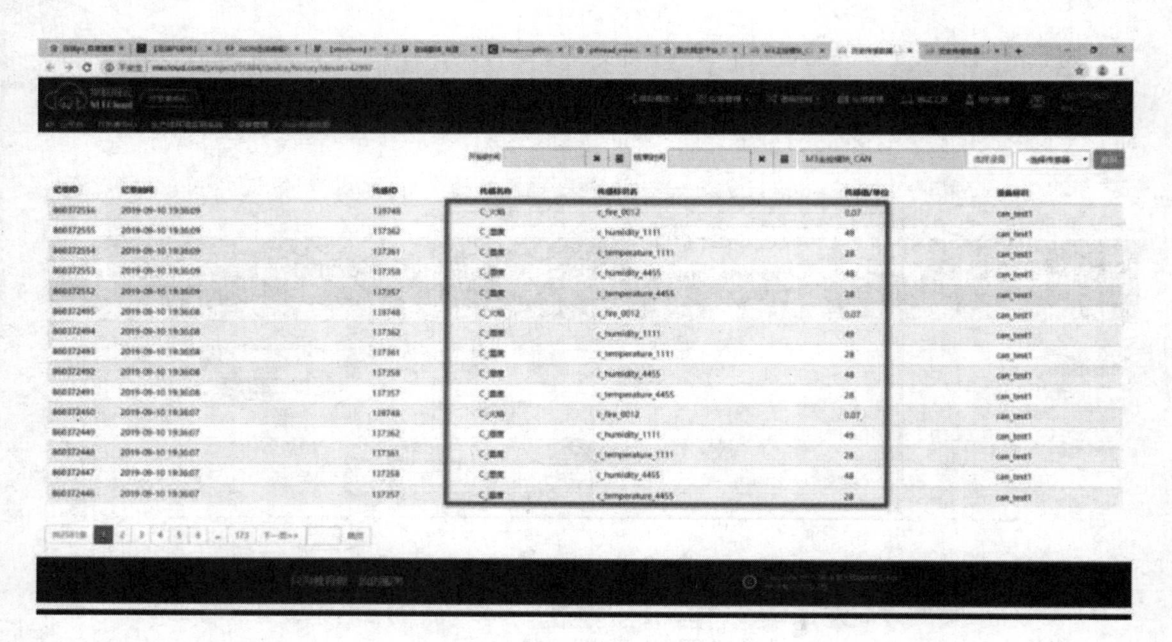

图 2-42　历史数据显示

至此生产线环境监测系统构建完毕,并成功通过物联网网关接入云平台。

▶任务练习

1.标准格式的 CAN 数据帧,不计填充位(　　)。

A.最短为 41 位,最长为 105 位　　B.最短为 42 位,最长为 106 位

C.最短为 44 位,最长为 108 位　　D.最短为 47 位,最长为 111 位

2.CAN 总线两端应加终端电阻,其标准阻值为(　　)。

A.75 Ω　　B.120 Ω　　C.200 Ω　　D.330 Ω

3.使用 CAN 控制器接口 PCA82C250 的 CAN 总线系统,总线至少可连接(　　)个节点。

A.32　　B.64　　C.110　　D.127

4.标准格式的 CAN 数据帧,不计填充位(　　)。

A.最短为 41 位,最长为 105 位　　B.最短为 42 位,最长为 106 位

C.最短为 44 位,最长为 108 位　　D.最短为 47 位,最长为 111 位

5.使用 CAN 控制器接口 PCA82C250 的 CAN 总线系统,总线至少可连接(　　)个节点。

A.32　　B.64　　C.110　　D.127

▶任务评价

<table>
<tr><td colspan="2">班级</td><td colspan="4"></td><td>姓名</td><td colspan="2"></td></tr>
<tr><td colspan="2">学习日期</td><td colspan="4"></td><td>等级</td><td colspan="2"></td></tr>
<tr><td>序号</td><td>时段</td><td colspan="5">任务准备过程</td><td>分值/分</td><td>得分/分</td></tr>
<tr><td>1</td><td>课前
(20%)</td><td colspan="5">①按照7S标准着装规范、入场有序、工位整洁(10分)
②准备实训平台、耗材、工具、学习资讯等(10分)</td><td>20</td><td></td></tr>
<tr><td rowspan="2">2</td><td rowspan="10">课中
(80%)</td><td colspan="5">情感态度评价</td><td rowspan="2">10</td><td rowspan="2"></td></tr>
<tr><td colspan="5">小组学习氛围浓厚,沟通协作好具有文明规范操作职业习惯(10分)</td></tr>
<tr><td rowspan="8">3</td><td colspan="2">任务工作过程评价</td><td>自评</td><td>互评</td><td>师评</td><td rowspan="8">70</td><td rowspan="8"></td></tr>
<tr><td colspan="2">①按照连线图,硬件连接正确(10分)</td><td></td><td></td><td></td></tr>
<tr><td colspan="2">②传感器节点固件下载正确(10分)</td><td></td><td></td><td></td></tr>
<tr><td colspan="2">③传感器节点配置正确(10分)</td><td></td><td></td><td></td></tr>
<tr><td colspan="2">④云平台上项目创建成功(10分)</td><td></td><td></td><td></td></tr>
<tr><td colspan="2">⑤网关接入云平台配置正确(10分)</td><td></td><td></td><td></td></tr>
<tr><td colspan="2">⑥云平台上传感器数据情况正常(10分)</td><td></td><td></td><td></td></tr>
<tr><td colspan="2">⑦串口调试助手查看传感器数据情况正常(10分)</td><td></td><td></td><td></td></tr>
<tr><td colspan="7">总分</td><td>100</td><td></td></tr>
<tr><td>备注</td><td colspan="8">A.80~100分;B.70~79分;C.60~69分;D.60分以下</td></tr>
</table>

▶任务小结

请总结本次任务过程中的优缺点,并提出改进计划,写入下表。

完成事项	优点	存在问题	改进计划
任务实施			
任务练习			
其他			

▶项目评价

评价由三个部分组成，即学生自评、小组评价和教师评价。按照自评占20%，小组评占30%，教师评占50%计入总分。

评价内容	配分/分	得分			总评等级
		自评	组评	师评	
纪律观念	10				A(80分以上) □ B(70~79分) □ C(60~69分) □ D(59分及以下) □
学习态度	10				
协作精神	10				
文明规范	10				
任务练习	10				
实践动手能力	30				
解决问题能力	20				
评分小计	100				

▶项目练习

一、单选题

1.高速CAN总线拓扑结构应是一个(　　)网络，要求两端各有一个约(　　)Ω的匹配电阻。

A.闭环;120　　B.开环;2 200　　C.闭环;2 200　　D.开环;120

2.在CAN总线通信过程中，如果接收单元尚未做好接收数据准备，可以使用(　　)来通知发送单元。

A.数据帧　　B.遥控帧　　C.错误帧　　D.过载帧

3.已知Modbus的RTU请求报文内容为“0x02 0x03 0x00 0xD2 0x00 0x07 0xA4 0x02”，则从设备响应报文中数据域字节数的值应为(　　)。

A.0x01　　B.0x07　　C.0x0E　　D.0x0F

4.如要使用Modbus写起始地址为0x17~0x20的保持寄存器内容，假设从设备地址为0x02，不考虑具体写入数据和校验码，则请求报文应为(　　)。

A.0x02 0x0F 0x00 0x17 0x00 0x0A 0x14 ……

B.0x02 0x10 0x00 0x17 0x00 0x0A 0x14……

C.0x02 0x0F 0x00 0x17 0x00 0x20 0x14……

D.0x02 0x10 0x00 0x17 0x00 0x20 0x14……

5.在CAN总线的数据帧中，使用(　　)差错校验方法保证数据准确无误地传送。

A.奇偶校验　　B.累加和校验

C.循环冗余码校验(CRC)　　D.以上均不对

6.图 2-43 为 CAN 总线传输数据时的电平信号图,当前传送的二进制数据是(　　)。

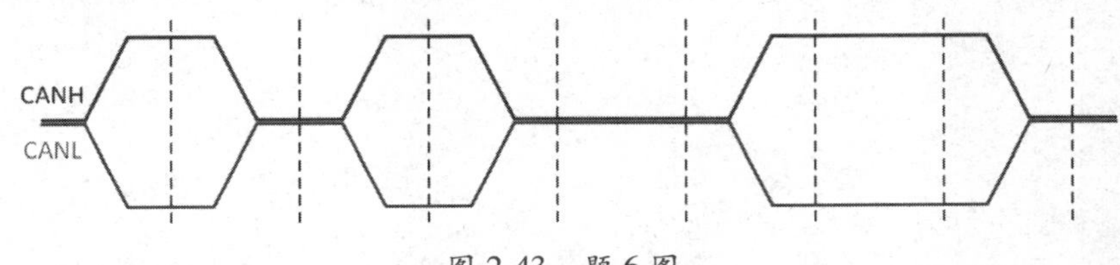

图 2-43　题 6 图

A.11110101　　B.00001010　　C.10100110　　D.01011001

二、多选题

1.关于 Modbus 通信协议,则下述说法正确的是(　　)。

A.Modbus 通信协议是一种传输层协议

B.Modbus 通信协议是一种单主/多从的通信协议

C.Modbus ASCII 采用纵向冗余校验方式

D.Modbus RTU 采用循环冗余校验方式

2.CAN 总线具备的特性是(　　)。

A.具有优秀的仲裁机制　　B.具备错误检测与处理功能

C.具备数据自动重发功能　　D.故障节点可自动脱离总线

项目三

无线传感网的应用搭建

本项目主要面向的工作领域是传感网应用开发中的无线传感网络搭建，主要介绍CC2530单片机基本组件和NB-IoT数据传输技术。首先介绍CC2530单片机的基本概念和IAR开发环境的运用方法，然后讲解CC2530单片机的基本组件：GPIO端口的输出控制和输入识别、中断系统和外部中断输入应用、定时/计数器的概念和运用方法、串口通信的实现以及A-D转换模块运用方法。对于NB-IoT数据传输技术的学习，围绕3个任务展开，即使用AT指令调试NB-IoT模块、烧写“智能路灯”程序和NB-IoT接入物联网云平台。

□知识目标

①了解ZigBee、NB-IoT等典型短距离无线通信网络技术及其应用领域；

②了解IAR、SmartRF Flash Programmer等软件的菜单功能；

③掌握CC2530单片机的外设、GPIO、输入和输出等功能配置；

④掌握CC2530单片机中断的使能、响应与处理方法；

⑤掌握CC2530单片机定时器的定时模式和中断方式；

⑥掌握CC2530单片机串口通信引脚配置，发送与接收的工作方法；

⑦掌握CC2530单片机A-D、D-A转换方法；

⑧掌握AT指令集；

⑨掌握Flash Programmer代码烧写工具的使用方法；

⑩掌握在物联网平台上创建NB-IoT项目并进行数据显示的方法。

□技能目标

①能搭建开发环境、创建工程、编写简单代码并使用仿真器进行调试下载；

②能进行参数配置；

③能操作GPIO口实现输入和输出；

④能操作串口进行数据通信；

⑤能进行定时、计数编程；

⑥能进行模数转换编程；

⑦会使用 AT 指令对 NB-IoT 模块进行状态查询、信号强度查询等；

⑧会使用 NB-IoT 模块进行数据传输；

⑨会使用物联网云平台创建 NB-IoT 项目进行数据显示。

□素养目标

①养成安全用电与节能减排的习惯；

②养成 7S 管理的工作习惯；

③培养学生的团队协作能力，严谨踏实的工作作风，良好的职业素养；

④培养学生的创新意识；

⑤培养学生良好的语言文字表达能力。

任务一　控制 LED 交替闪烁

▶任务描述

将 ZigBee 模块固定在 NEWLab 实训平台上，在 IAR 软件中新建工程和源文件，编写程序，控制 ZigBee 模块上的 LED1 和 LED2，使其间隔 1 s 交替闪烁。

▶任务目标

①了解 ZigBee、NB-IoT 等典型短距离无线通信网络技术及其应用领域；

②了解 IAR、SmartRF Flash Programmer 等软件的菜单功能；

③掌握 CC2530 单片机的外设、GPIO、输入和输出等功能配置；

④能搭建开发环境、创建工程、编写代码并使用仿真器调试下载；

⑤能进行参数配置；

⑥能操作 GPIO 口实现输入和输出。

▶任务准备

1.认识 CC2530 结构

(1)CC2530 单片机概述

CC2530 无线单片机整合了 2.4 GHz IEEE802.15.4/ZigBee RF 收发机和工业标准的增强型 8051MCU 内核，拥有 8 kB 的 SRAM、大容量内置闪存，芯片后缀代表内置闪存的大小，如 CC2530F32/F64/F128/F256 分别表示 32 kB/64 kB/128 kB/256 kB 的闪存；另外，还集成了强大的外设资源，如 21 个可编程 I/O、ADC、USART、定时器/计数器、DMA 等。

(2)CC2530 的引脚及功能

CC2530 芯片引脚如图 3-1 所示，它有 40 个引脚，可分为 I/O 端口线引脚、电源线引脚和控制线引脚三种类型。其中 I/O 端口由 P0、P1 和 P2 组成，共 21 个引脚，P0 和 P1 是 8 位，P2 是 5 位。通过对相关寄存器进行设置，可以把这些引脚设置成普通的数字 I/O 口，或者配置成 ADC、定时器/计数器、USART 等外围设备 I/O 端口，各引脚功能见表 3-1。

(a) CC2530芯片实物图

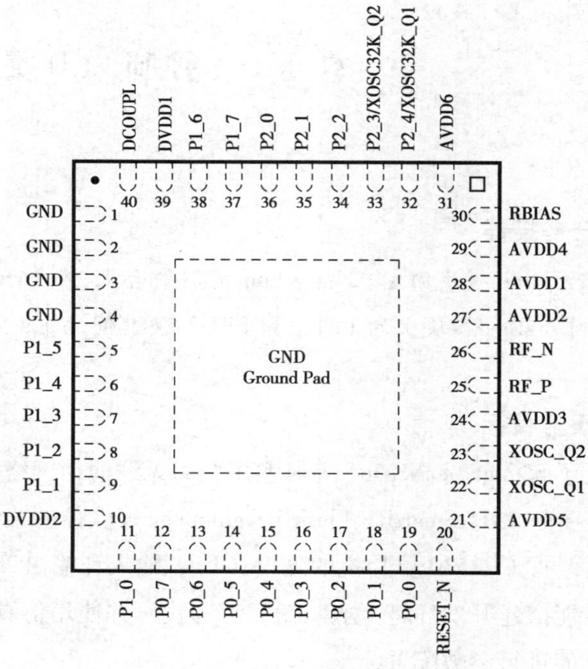

(b) 贴片封装引脚图

图 3-1 CC2530 单片机实物图和贴片封装引脚图

表 3-1 CC2530 引脚功能

引脚类型	引脚名称及功能
电源线引脚	①AVDD1—6:为模拟电源引脚,与 2~3.6 V 模拟电源相连 ②DVDD1—2:为数字电源引脚,与 2~3.6 V 数字电源相连 ③DCOUPL:为数字电源引脚,1.8 V 数字电源退耦,不需要外接电路 ④GND:为接地引脚,芯片底部的大焊盘必须接到印制电路板(Printed Circuit Board,PCB)的接地层
I/O 端口线引脚	①除 P0_0 和 P0_1 引脚具有 20 mA 驱动能力外,其他 19 个引脚(P0_2—P0_7,P1 和 P2)仅有 4 mA 驱动能力。驱动能力是指芯片引脚输出电流的能力 ②全部 21 个数字 I/O 端口在输入时有上拉或下拉功能 注:外设 I/O 口引脚分布见表 3-2

续表

引脚类型	引脚名称及功能
控制线引脚	①RESET_N:为复位引脚,低电平有效 ②XOSC_Q2:为 32 MHz 的晶振引脚 2 ③XOSC_Q1:为 32 MHz 的晶振引脚 1,或作为外部时钟输入引脚 ④RBIAS2:用于连接提供基准电流的外接精密偏置电阻 ⑤P2_3/XOSC32K_Q2:要么为 P2_3 数字 I/O 端口,要么为 32.768 kHz 晶振引脚 ⑥P2_4/XOSC32K_Q1:要么为 P2_4 数字 I/O 端口,要么为 32.768 kHz 晶振引脚 ⑦RF_N:在接收期间,向 LNA 输入负向射频信号;在发射期间,接收来自 PA 的输入负向射频信号 ⑧RF_P:在接收期间,向 LNA 输入正向射频信号;在发射期间,接收来自 PA 的输入正向射频信号

表 3-2　外设 I/O 引脚分布

外设功能	P0								P1								P2				
	7	6	5	4	3	2	1	0	7	6	5	4	3	2	1	0	4	3	2	1	0
ADC	A7	A6	A5	A4	A3	A2	A1	A0													
USART-0 SPI			C	SS	MO	MI															
											MO	MI	C	SS							
USART-0 USART			RT	CT	TX	RX															
											TX	RX	RT	CT							
USART-1 SPI			MI	MO	C	SS															
									MI	MO	C	SS									
USART-1 USART			RX	TX	RT	CT															
									RX	TX	RT	CT									
TIMER1		4	3	2	1	0															
Alt.2	3	4												0	1	2					
TIMER3												1	0								
Alt.2									1	0											
TIMER4														1	0						
Alt.2																		1			0
32KHz XOSC																	Q1	Q2			
DEBUG																			DC	DD	

(3)CC2530的通用输入/输出(GPIO)接口寄存器

CC2530的21个I/O端口作为通用数字I/O端口时,寄存器及其配置方法见表3-3。

表3-3　通用I/O端口相关寄存器

<table>
<tr><td colspan="5">P0(0x80)—Port0</td></tr>
<tr><td>位</td><td>名称</td><td>复位</td><td>读/写</td><td>描述</td></tr>
<tr><td>7:0</td><td>P0[7:0]</td><td>0xFF</td><td>R/W</td><td>可用作GPIO或外设I/O,8位,可位寻址</td></tr>
<tr><td colspan="5">P1(0x90)—Port1</td></tr>
<tr><td>位</td><td>名称</td><td>复位</td><td>读/写</td><td>描述</td></tr>
<tr><td>7:0</td><td>P1[7:0]</td><td>0xFF</td><td>R/W</td><td>可用作GPIO或外设I/O,8位,可位寻址</td></tr>
<tr><td colspan="5">P2(0xA0)—Port2</td></tr>
<tr><td>位</td><td>名称</td><td>复位</td><td>读/写</td><td>描述</td></tr>
<tr><td>7:5</td><td>—</td><td>000</td><td>R0</td><td>高3位(P2_7—P2_5)没有使用</td></tr>
<tr><td>4:0</td><td>P2[4:0]</td><td>0x1F</td><td>R/W</td><td>可用作GPIO或外设I/O,低5位(P2_4—P2_0),可位寻址</td></tr>
<tr><td colspan="5">P0SEL(0xF3)—P0端口功能选择(Port0 Function Select)</td></tr>
<tr><td>位</td><td>名称</td><td>复位</td><td>读/写</td><td>描述</td></tr>
<tr><td>7:0</td><td>SELP0_[7:0]</td><td>0x00</td><td>R/W</td><td>P0_7—P0_0功能选择位:0为GPIO,1为外设I/O</td></tr>
<tr><td colspan="5">P1SEL(0xF4)—P1端口功能选择(Port1 Function Select)</td></tr>
<tr><td>位</td><td>名称</td><td>复位</td><td>读/写</td><td>描述</td></tr>
<tr><td>7:0</td><td>SELP1_[7:0]</td><td>0x00</td><td>R/W</td><td>P1_7—P1_0功能选择位:0为GPIO,1为外设I/O</td></tr>
<tr><td colspan="5">P2SEL(0xF5)—P2端口功能选择和P1端口外设优先级控制
(Port2 Function Select and Port1 Peripheral Priority Control)</td></tr>
<tr><td>位</td><td>名称</td><td>复位</td><td>读/写</td><td>描述</td></tr>
<tr><td>7</td><td>—</td><td>0</td><td>R0</td><td>没有使用</td></tr>
<tr><td>6</td><td>PRI3P1</td><td>0</td><td>R/W</td><td>P1端口外设优先级控制位。当PERCFG同时分配USART0和USART1用到同一引脚时,该位决定其优先级顺序:
0为USART0优先,1为USART1优先</td></tr>
<tr><td>5</td><td>PRI2P1</td><td>0</td><td>R/W</td><td>P1端口外设优先级控制位。当PERCFG同时分配USART1和Timer3用到同一引脚时,该位决定其优先级顺序:
0为USART1优先,1为Timer3优先</td></tr>
<tr><td>4</td><td>PRI1P1</td><td>0</td><td>R/W</td><td>P1端口外设优先级控制位。当PERCFG同时分配Timer1和Timer4用到同一引脚时,该位决定其优先级顺序:
0为Timer1优先,1为Timer4优先</td></tr>
</table>

续表

位	名称	复位	读/写	描述
3	PRIOP1	0	R/W	P1 端口外设优先级控制位。当 PERCFG 同时分配 USART0 和 Timer1 用到同一引脚时，该位决定其优先级顺序： 0 为 USART0 优先，1 为 Timer1 优先
2	SELP2_4	0	R/W	P2_4 功能选择位：0 为 GPIO，1 为外设 I/O
1	SELP2_3	0	R/W	P2_3 功能选择位：0 为 GPIO，1 为外设 I/O
0	SELP2_0	0	R/W	P2_0 功能选择位：0 为 GPIO，1 为外设 I/O

P0DIR(0xFD)—P0 端口方向(Port 0 Direction)

位	名称	复位	读/写	描述
7:0	DIRP0_[7:0]	0x00	R/W	P0_7—P0_0 方向选择位：0 为输入，1 为输出

P1DIR(0xFE)—P1 端口方向(Port 1 Direction)

位	名称	复位	读/写	描述
7:0	DIRP1_[7:0]	0x00	R/W	P1_7—P1_0 方向选择位：0 为输入，1 为输出

P2DIR(0xFF)—P2 端口方向和 P0 端口外设优先级控制
(Port2 Direction and Port0 Peripheral Priority Control)

位	名称	复位	读/写	描述
7:6	PRIP0[1:0]	00	R/W	P0 端口外设优先级控制位。当 PERCFG 同时分配几个外设用到同一引脚时，该两位决定其优先级顺序： 00 为 USART0 高于 USART1 01 为 USART1 高于 Timer1 10 为 Timer1 通道 0、1 高于 USART1 11 为 Timer1 通道 2 高于 USART0
5	—	0	R0	没有使用
4:0	DIRP2_[4:0]	00000	R/W	P2_4—P2_0 方向选择位：0 为输入，1 为输出

P0INP(0x8F)—P0 端口输入模式(Port0 Input Mode)

位	名称	复位	读/写	描述
7:0	MDP0_[7:0]	0x00	R/W	P0_0—P0_7 输入选择位：0 为上拉/下拉，1 为三态

P1INP(0xF6)—P1 端口输入模式(Port1 Input Mode)

位	名称	复位	读/写	描述
7:2	MDP1_[7:2]	000000	R/W	P1_7—P1_2 输入选择位：0 为上拉/下拉，1 为三态
1:0	—	00	R0	没有使用

续表

P2INP(0xF7)—P2 端口输入模式(Port2 Input Mode)				
位	名称	复位	读/写	描述
7	PDUP2	0	R/W	对所有 P2 端口设置上拉/下拉输入:0 为上拉,1 为下拉
6	PDUP1	0	R/W	对所有 P1 端口设置上拉/下拉输入:0 为上拉,1 为下拉
5	PDUP0	0	R/W	对所有 P0 端口设置上拉/下拉输入:0 为上拉,1 为下拉
4:0	MDP2_[4:0]	0	0000	P2_4—P2_0 输入选择位:0 为上拉/下拉,1 为三态

由以上表格中的寄存器可知,I/O 端口的设置步骤见表 3-4。

表 3-4　I/O 端口的设置步骤

步骤	具体内容	操作方法	注意事项
1	功能选择	对寄存器 PxSEL(其中 x 为 0~2)设置,0 位 GPIO,1 位外设 I/O	①复位之后,寄存器 PxSEL 所有位为 0,即默认为 GPIO ②P2 端口中 P2_4、P2_3、P2_0 这 3 个引脚具有 GPIO 或外设 I/O 双重功能,而 P2_2 和 P2_1除具有 DEBUG 功能外,仅有 GPIO 功能,无外设 I/O 功能
2	方向选择	对寄存器 PxDIR(其中 x 为 0~2)进行设置,0 为输入,1 为输出	①复位之后,寄存器 PxDIR 所有位为 0,即默认为输入 ②P2 端口仅有 P2DIR_[4:0]5 个引脚可以设置输入或输出
3	输入模式	对寄存器 PxINP(其中 x 为 0~2)进行设置,0 为上拉/下拉,1 为三态; 再对寄存器 P2INP 中的 PDUPx(其中 x 为 0~2)进行设置,0 为上拉,1 为下拉,进一步设置输入引脚的上拉或下拉状态	①复位后,寄存器 PxINP 所有位为 0,即默认为上拉/下拉 ②复位后,寄存器 P2INP 中的 PDUPx 三位为 0,即默认为上拉

【试一试】

P0 端口的低 4 位配置为数字输出功能,高 4 位配置为数字输入、上拉功能。

解:

根据表 3-4 中 I/O 端口的设置步骤可知:

①选择功能。设置 P0 端口为“GPIO”,所以“P0SEL &= ~0xFF”,当然也可以使“P0SEL=0x00”。一般情况下,要使某位为 0,用“&= ~”运算表达式;要使某位为 1,用“|=”运算表达式。注意:运算表达式右边都是高电平(或 1)有效。

②选择方向。先设置低 4 位为输出功能,则“P0DIR|=0x0F”;再设置高 4 位为输入功

能，则“P0DIR &=～0xF0”。

③输入模式。设置高4位为上拉功能，则“P0INP&=～0xFF，P2INP&=～0x20”。

2.搭建开发环境

(1)IAR简介

IAR Systems(简称“IAR”)是全球领先的嵌入式系统开发工具和服务的供应商。IAR Embedded Workbench是著名的C编译器。IAR根据支持的微处理器种类不同分许多不同的版本，其中CC2530使用的是8051内核，需要选用的版本是IAR Embedded Workbench for 8051。IAR工作环境界面如图3-2所示。

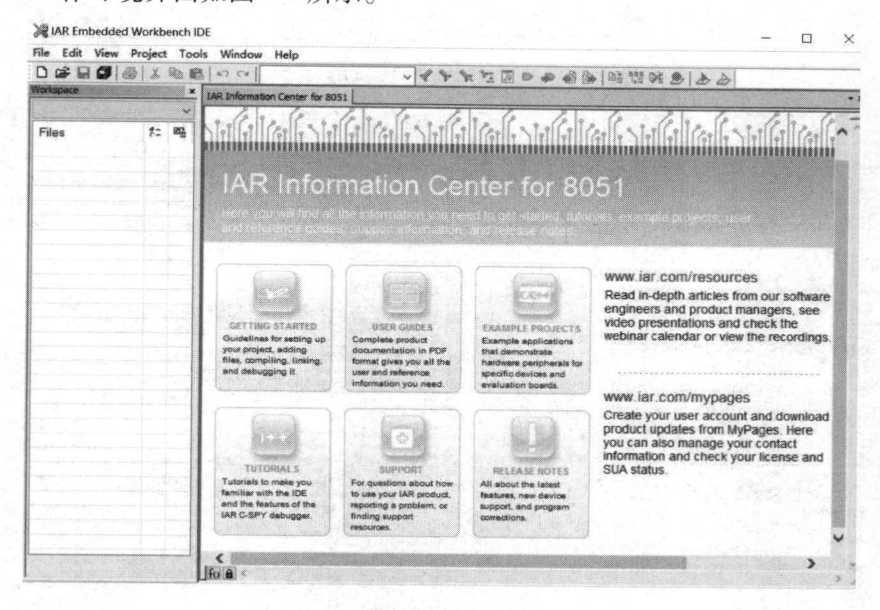

图3-2　IAR工作界面

(2)IAR的安装方法

双击安装文件 EW8051-EV-8103-Web.exe，开始安装，在弹出来的对话框中始终单击“Next”按钮，再在弹出的窗口中输入厂家授权的License和KEY后单击“Next”完成安装，如图3-3和图3-4所示。

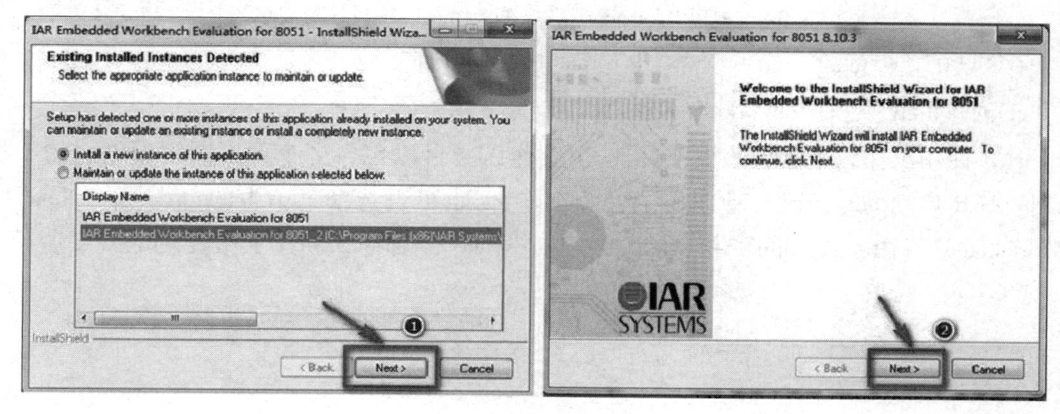

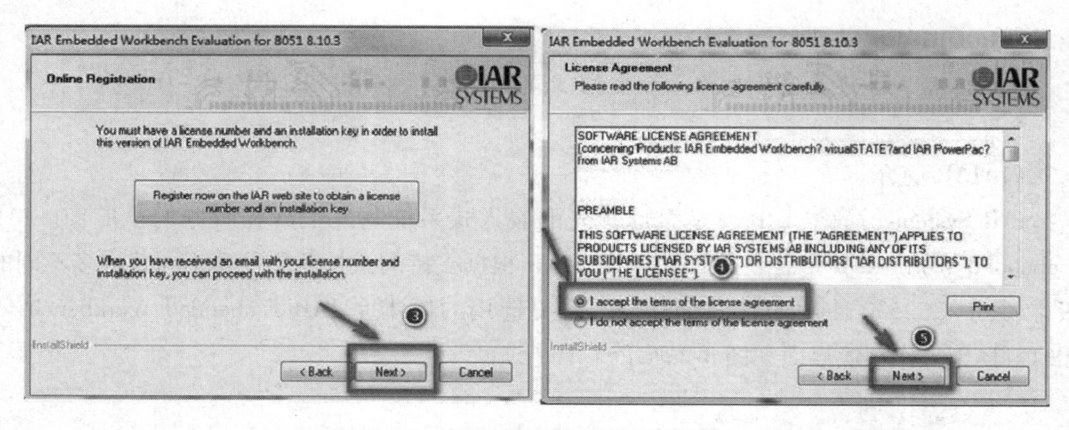

图 3-3　单击“NEXT”按钮进行安装

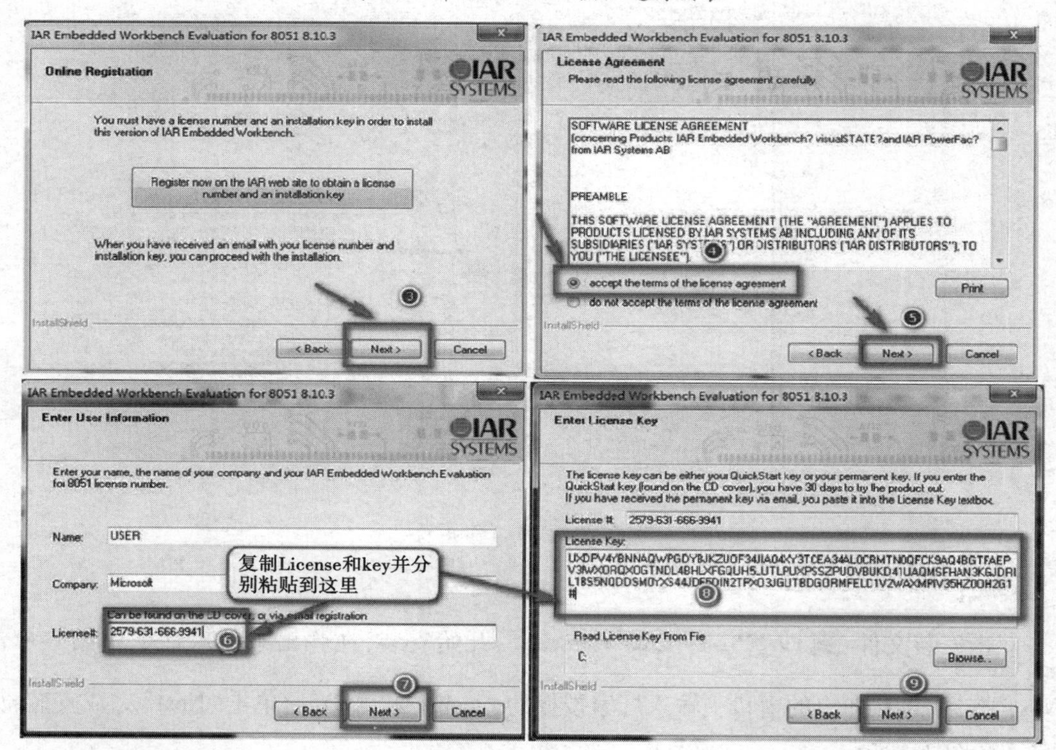

图 3-4　选中“I accept…”后单点“next”按钮进行安装

(3)IAR 工程创建

①创建 IAR 工作区(Workspace)。

IAR 使用工作区来管理工程项目,一个工作区中可以包含多个为不同应用创建的工程项目。IAR 启动的时候已自动创建了一个工作区,也可以选择菜单中的“File”→“New”→“Workspace…”命令或“File”→“Open”→“Workspace…”命令来新建工作区,如图 3-5 所示。

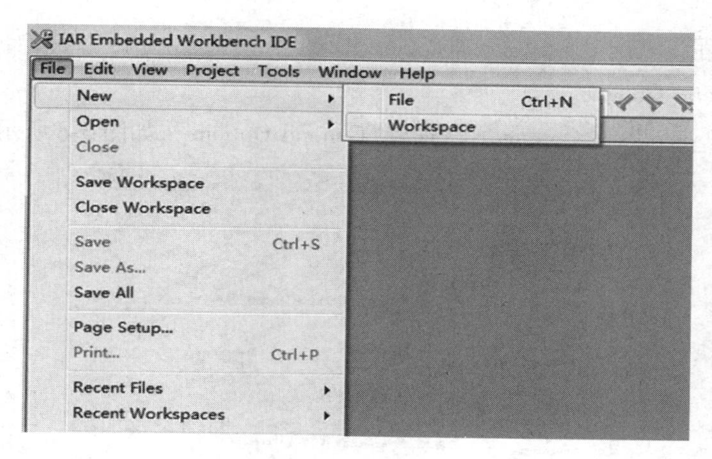

图 3-5　创建 IAR 工作区(Workspace)

②创建 IAR 工程。

IAR 使用工程来管理一个具体的应用开发项目,工程主要包括了开发项目所需的各种代码文件。选择菜单“Project”→“Create New Project…”命令来创建一个新的工程,设置工程保存路径和工程名为“…\搭建 ZigBee 开发环境”和“test”,如图 3-6 所示。

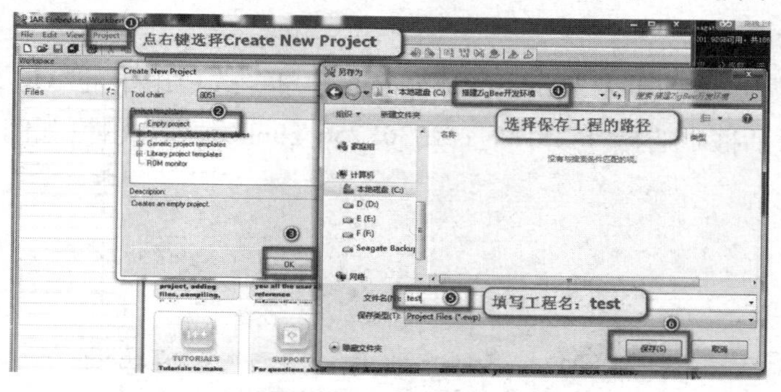

图 3-6　创建 IAR 工程

③新建文件并保存工作区。

选择菜单“File”→“New”→“File”命令新建文件“test.c”。然后右击“test-Debug”选择“Add”→“Add File…”命令,将“test.c”文件添加到工程中。最后,按“Ctrl+S”快捷键保存工作区,工作区名为“test”,如图 3-7 所示。

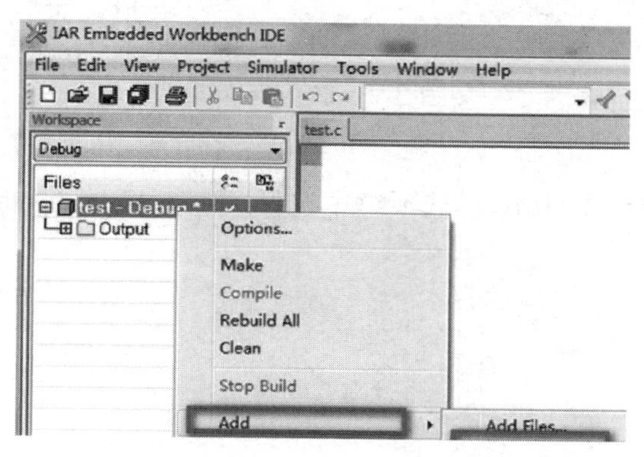

图 3-7　为工程添加文件

(4)配置工程

①配置 General Options。

选择菜单"Project"→"Options…",配置"General Options",如图 3-8 所示。

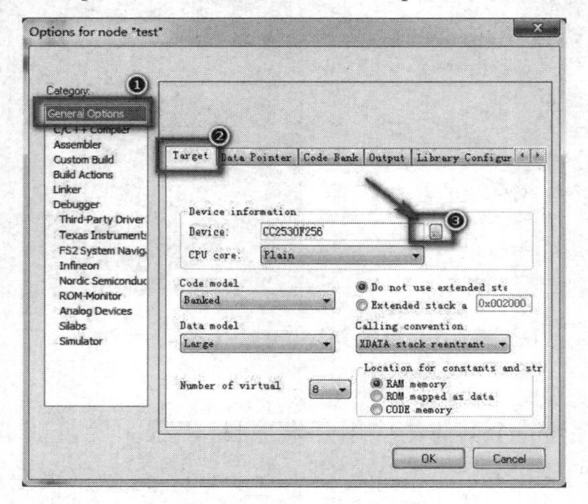

图 3-8　配置 General Options

②配置 Linker。

选择"Config"选项卡,单击"Linker configuration file"选项组中的"Override default"选择按钮,在弹出的对话框中选择"lnk51ew_cc2530F256_banked.xcl"文件,如图 3-9 所示。

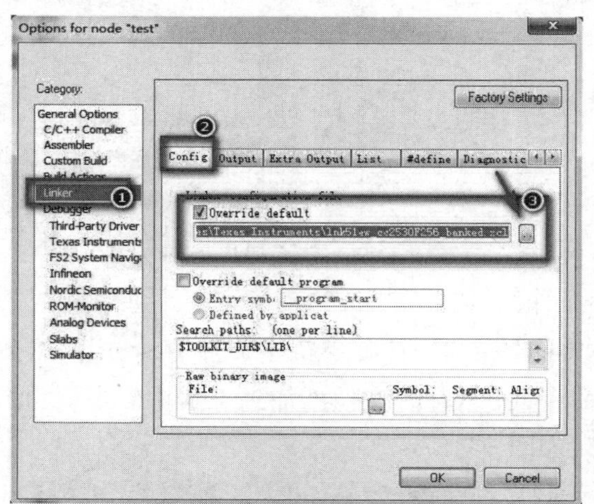

图 3-9　配置 Linker

③配置 Debugger。

选择"Setup"选项卡,在"Driver"选项组中选择"Texas Instruments",设置好后单击"OK"按钮,如图 3-10 所示。

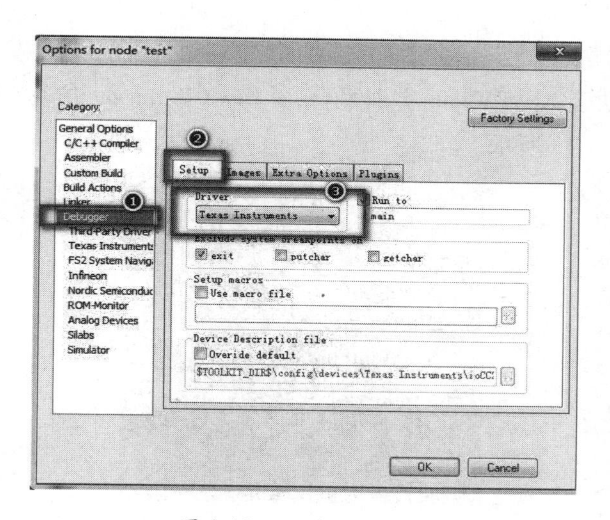

图 3-10　配置 Debugger

(5)编写调试程序

编写程序。在“test.c”窗口输入“点亮一个 LED 灯”的程序,如图 3-11 所示。

```
#include <ioCC2530.h>
#define LED1 P1_0              //P1.0 端口控制 LED1 发光二极管
void main(void)
{
  P1DIR |= 0X01;               //定义 P1.0 端口为输出
    LED1=1;                    //点亮 LED1 发光二极管
   while(1);
}
```

图 3-11　点亮一个 LED 灯的程序

(6)编译、链接程序

单击工具栏中的  按钮,编译、链接程序,若编译信息输出窗口“message”没有错误警告,则说明程序编译、链接成功,如图 3-12 所示。

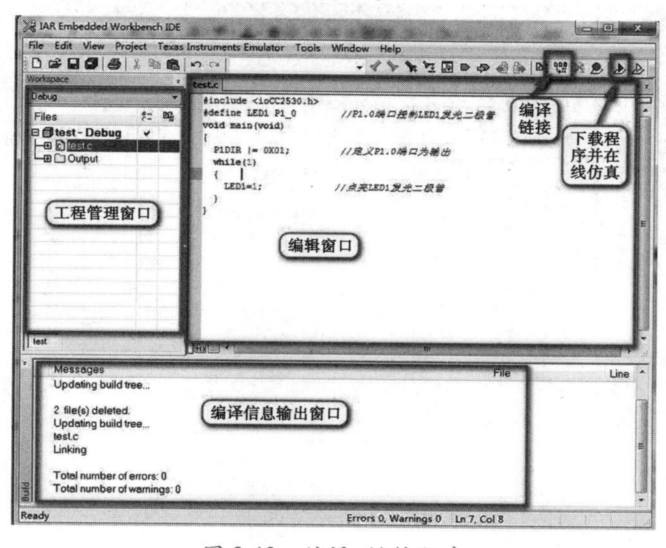

图 3-12　编译、链接程序

(7)IAR 下载程序

①把 ZigBee 模块装入 NEWLab 实训平台,并将 CCDebugger 仿真/下载器的下载线连接至 ZigBee 模块,如图 3-13 所示。

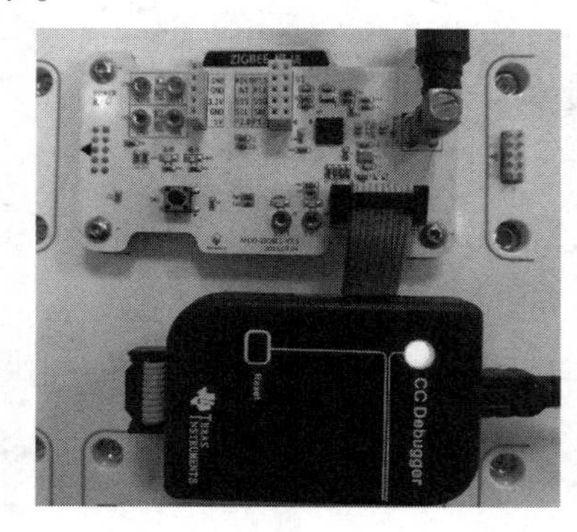

图 3-13　ZigBee 模块与 CC Debugger 仿真器连接

②在计算机的“设备管理器”窗口中确认“CC Debugger”是否接入,如图 3-14 所示。

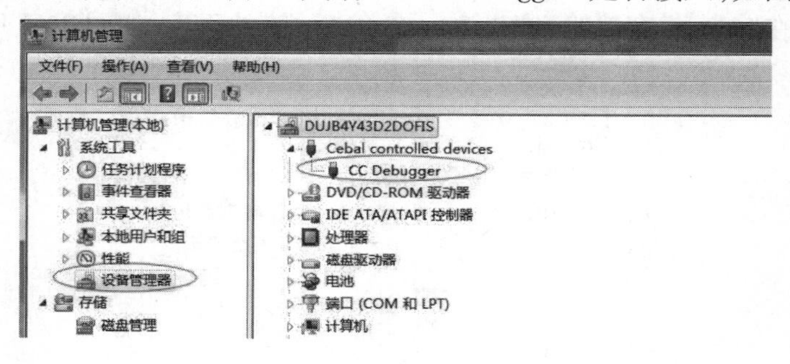

图 3-14　仿真器安装成功状态

③单击工具栏中的按钮,下载程序,进入调试状态,如图 3-15 所示。单击“单步”调试按钮,逐步执行每条代码,当执行“LED1 = 1”代码时,LED 灯被点亮;再单击“复位”按钮,LED 灯被熄灭,重复上述动作,再点亮 LED 灯。

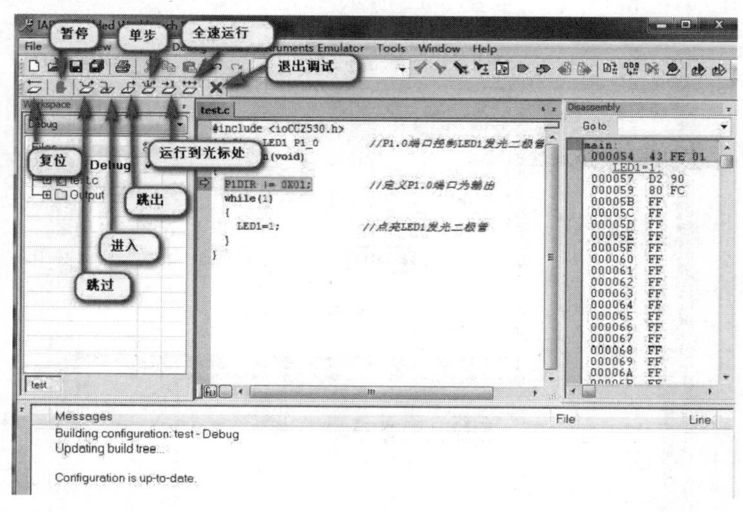

图 3-15　调试状态

注意：下载程序后，程序就被烧录到芯片之中，实训板断电后，再接电源，照常执行点亮LED灯程序，也就是说，IAR既具有仿真功能，又具有烧录程序功能。

(8)烧录程序

我们既可以在IAR环境中烧录程序，又可以使用SmartRF Flash Programmer软件把.hex文件直接烧录到CC2530芯片中。实际开发过程中，在IAR环境烧录程序用得更多。

①双击"Step_SmartRFProgr"安装文件，默认设置安装，如图3-16所示。

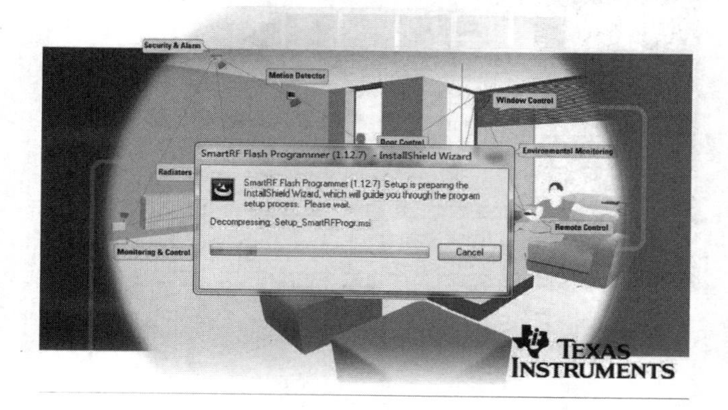

图3-16　安装SmartRF Flash Programmer软件

②配置工程选项参数，输出.hex文件。

配置编译器生成".hex"文件(此方法仅适用于基础实训，不适合协议栈)。选择菜单栏中的"Project"→"Options"命令，再选择"Linker"选项，按照图3-17所示的设置要求，选择"Output"选项卡进行配置，设置"Format"选项组，使用C-SPY进行调试。接着，切换至"Extra Output"选项卡进行配置，将输出文件名的扩展名更改为".hex"，并在"Output format"下拉列表框中选择"intel-extended"，单击"OK"按钮完成设置，重新编译程序，即可生成hex文件。

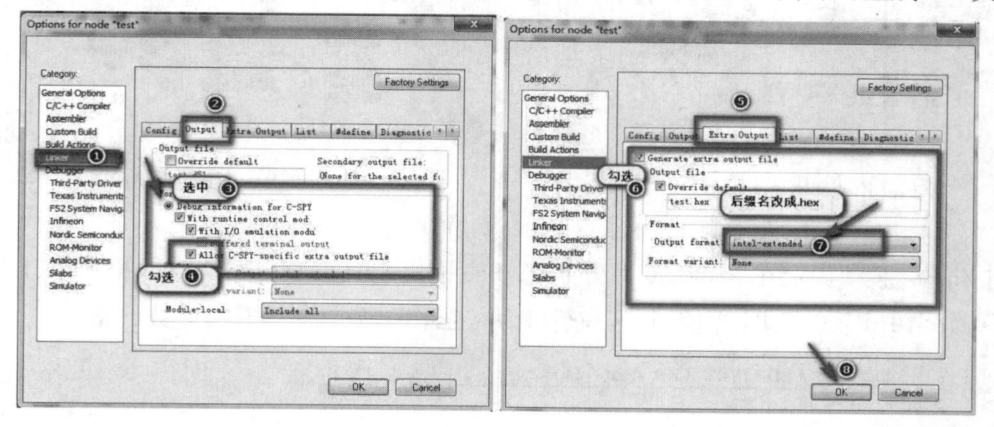

图3-17　"output"选项卡配置输出.hex文件

③烧录.hex文件，打开TI SmartRF Flash Programmer软件，按图3-18所示的操作，.hex文件路径名为"…\Debug\Exe\….hex"。

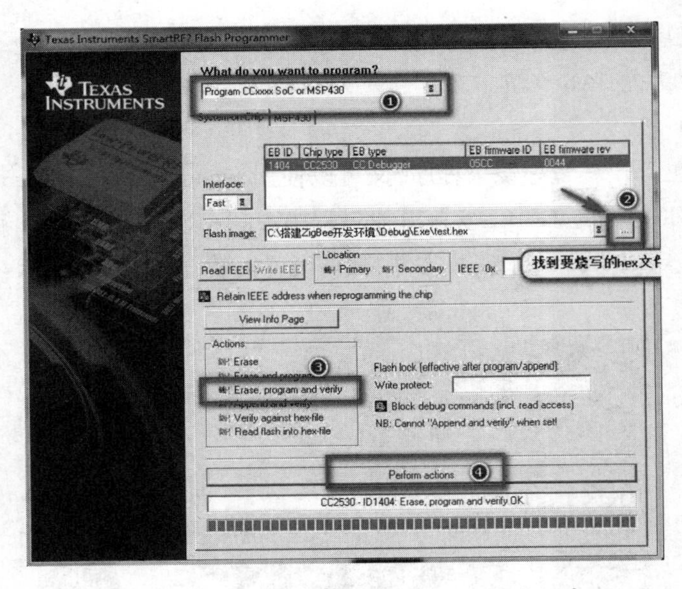

图 3-18　SmartRF Flash Programmer 烧录程序

操作视频

▶任务实施

1.分析 LED 电路

ZigBee 模块上的 LED_1 和 LED_2 的位置如图 3-19 中加连接（LED1）或通讯（LED2）指示灯位置所示。

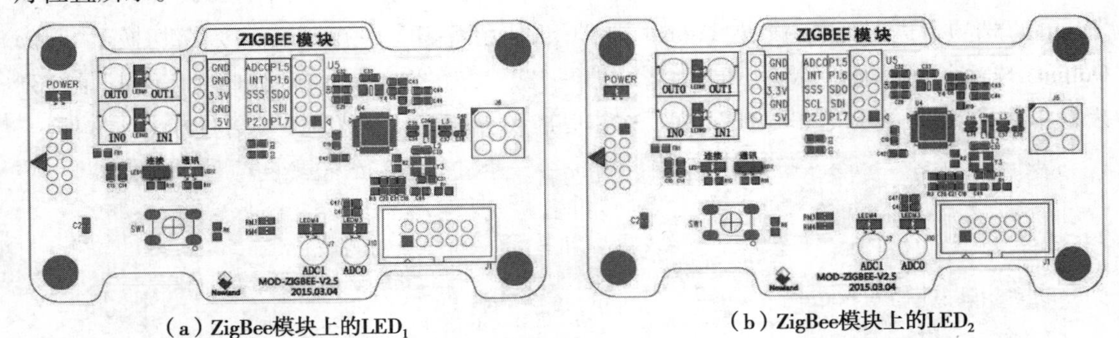

（a）ZigBee模块上的LED_1　　（b）ZigBee模块上的LED_2

图 3-19　ZigBee 模块上的 LED_1 和 LED_2 的位置

将 ZigBee 模块固定在 NEWLab 平台上，ZigBee 模块上的 LED 电路如图 3-20 所示，LED_1 和 LED_2 分别由 P1_0 和 P1_1 控制，这些端口为高电平时，发光二极管方能被点亮。

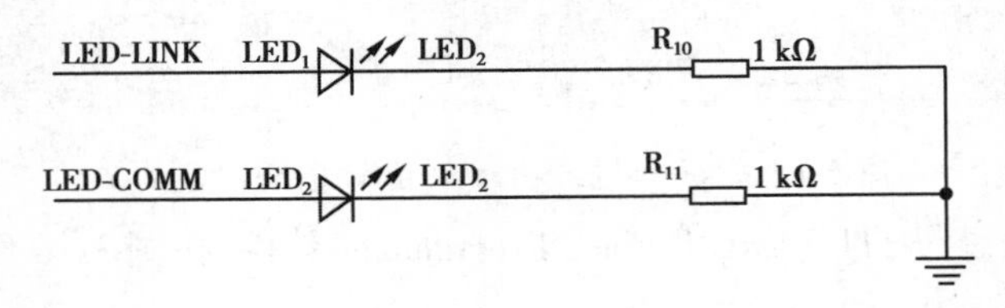

图 3-20　ZigBee 模块上的 LED_1 和 LED_2 电路图

2.设置 I/O 接口

①I/O 端口功能选择。将 P1_0 和 P1_1 配置为“GPIO”,即“P1SEL &= ~0x03”(默认为 GPIO)。

②I/O 端口方向选择。为 P1_0 和 P1_1 配置输出方式,即“P1DIR|=0x03”。

3.新建工作区、工程和源文件,并对工程进行相应配置

操作方法详见任务准备。

4.编写、分析、调试程序

①编写程序。在编程窗口输入如下代码:

```
#include<ioCC2530.h>
#define LED1 P1_0 //P1_0 端口控制 LED1 发光二极管
#defineLED2 P1_1 //P1_1 端口控制 LED2 发光二极管
void delay(unsigned int i)
{
    unsigned   int j,k;
    for(k=0;k<i;k++)
        {
            for(j=0;j<500;j++);
        }
}
void main(   )

{
    P1SEL&=~0x03;//设置 P1_0 端口和 P1_1 端口为 GPIO
    P1DIR|=0x03;//设置 P1_0 端口和 P1_1 端口为输出端口
    P1&=~0x03;//关闭 LED1 和 LED2
    while(1)
    {
        LED1=1;//点亮 LED1
        LED2=0;//关闭 LED2
        delay(1000);//延时 1 秒
        LED1=0;//关闭 LED1
        LED2=1;//点亮 LED2
        delay(1000);//延时
    }
}
```

②编译、下载程序。编译无错后,下载程序,可以看到两个 LED 灯交替闪烁。

▶任务练习

1.带串口的 ZigBee 模块有4只LED,分别与 CC2530 的 P1_0、P1_1、P1_3 和 P1_4 相连。请采用该模块制作一个跑马灯。

2.采用按键查询方法,实现按键控制 LED 亮灭,即在 ZigBee 模块上,按一下 SW1(P1_2),LED1 亮,再按一下 SW1,LED1 灭,如此交替。

▶任务评价

<table>
<tr><td colspan="2">班级</td><td colspan="3"></td><td>姓名</td><td colspan="2"></td></tr>
<tr><td colspan="2">学习日期</td><td colspan="3"></td><td>等级</td><td colspan="2"></td></tr>
<tr><td>序号</td><td>时段</td><td colspan="4">任务准备过程</td><td>分值/分</td><td>得分/分</td></tr>
<tr><td>1</td><td>课前
(10%)</td><td colspan="4">①按照7S标准着装规范、入场有序、工位整洁(5分)
②准备实训平台、耗材、工具、学习资讯等(5分)</td><td>10</td><td></td></tr>
<tr><td rowspan="2">2</td><td rowspan="7">课中
(60%)</td><td colspan="4">情感态度评价</td><td rowspan="2">10</td><td rowspan="2"></td></tr>
<tr><td colspan="4">小组学习氛围浓厚,沟通协作好,具有文明规范操作职业习惯(10分)</td></tr>
<tr><td rowspan="5">3</td><td>任务工作过程评价</td><td>自评</td><td>互评</td><td>师评</td><td rowspan="5">50</td><td rowspan="5"></td></tr>
<tr><td>①硬件环境搭建正确(10分)</td><td></td><td></td><td></td></tr>
<tr><td>②程序编写、调试正确(20分)</td><td></td><td></td><td></td></tr>
<tr><td>③完成程序下载(10分)</td><td></td><td></td><td></td></tr>
<tr><td>④实现功能(10分)</td><td></td><td></td><td></td></tr>
<tr><td>4</td><td>课后
(30%)</td><td>任务练习完成情况(30分)</td><td></td><td></td><td></td><td>30</td><td></td></tr>
<tr><td colspan="6">总分</td><td>100</td><td></td></tr>
<tr><td>备注</td><td colspan="7">A.80~100分;B.70~79分;C.60~69分;D.60分以下</td></tr>
</table>

▶任务小结

请小结完成本次任务过程中的优缺点,并提出改进计划,写入下表。

完成事项	优点	存在问题	改进计划
任务实施			
任务练习			
其他			

任务二　外部中断控制 LED 灯

▶任务描述

采用外部中断方式，第 1 次按下 SW1，LED1 亮；第 2 次按下 SW1，LED2 亮；第 3 次按下 SW1，LED1 和 LED2 全灭，再次按下 SW1 时，LED 灯重复上述状态。

▶任务目标

①掌握 CC2530 单片机中断的使能、响应与处理和优先等级的工作原理；

②能熟练使用 CC2530I/O 端口的中断功能。

▶任务准备

1.CC2530 中断源

CC2530 共有 18 个中断源，每个中断源的基本概况见表 3-5。

表 3-5　CC2530 中断源概览

中断号码	描述	中断名称	中断向量	中断使能位	中断标志位
0	RF 发送 FIFO 队列空或 RF 接收 FIFO 队列溢出	RFERR	03H	IEN0.RFERRIE	TCON.RFERRIF
1	ADC 转换结束	ADC	0BH	IEN0.ADCIE	TCON.ADCIF
2	USART0 RX 完成	URX0	13H	IEN0.URX0IE	TCON.URX0IF
3	USART1 RX 完成	URX1	1BH	IEN0.URX1IE	TCON.URX1IF
4	AES 加密/解密完成	ENC	23H	IEN0.ENCIE	S0CON.ENCIF
5	睡眠定时器比较	ST	2BH	IEN0.STIE	IRCON.STIF
6	P2 输入/USB	P2INT	33H	IEN2.P2IE	IRCON2.P2IF
7	USAT0 TX 完成	URX0	3BH	IEN2.UTX0IE	IRCON2.UTX0IF
8	DMA 传送完成	DMA	43H	IEN1.DMAIE	IRCON.DMAIF
9	定时器 1(16 位)捕获/比较/溢出	T1	4BH	IEN1.T1IE	IRCON.T1IF
10	定时器 2	T2	53H	IEN1.T2IE	IRCON.T2IF
11	定时器 3(8 位)捕获/比较/溢出	T3	5BH	IEN1.T3IE	IRCON.T3IF
12	定时器 4(8 位)捕获/比较/溢出	T4	63H	IEN1.T4IE	IRCON.T4IF
13	P0 输入	P0INT	6BH	IEN1.P0IE	IRCON.P0IF

续表

中断号码	描述	中断名称	中断向量	中断使能位	中断标志位
14	USAT1 TX 完成	UTX1	73H	IEN2.UTX1IE	IRCON2.UTX1IF
15	P1 输入	P1INT	7BH	IEN2.P1IE	IRCON2.P1IF
16	RF 通用中断	RF	83H	IEN2.RFIE	S1CON.RFIF
17	看门狗计时溢出	WDT	8BH	IEN2.WDTIE	IRCON2.WDTIF

中断使能位可以由“中断名称+IE”组合而成，如“IEN0.ADCIE”，其中 ADC 为中断名称；同样，中断标志位也可以由“中断名称+IF”组合而成，如“TCON.ADCIF”。

2.CC2530 中断使能

(1)中断使能相关寄存器

每个中断源要产生中断请求，就必须设置 IEN0，IEN1 或 IEN2 中断使能寄存器(表 3-6)。

表 3-6　中断使能相关寄存器

IEN0(0xA8)—中断使能寄存器 0(Interrupt Enable 0)				
位	名称	复位	读/写	描述
7	EA	0	R/W	总中断使能:0 为禁止所有中断;1 为使能所有中断
6	—	0	R0	没有使用
5	STIE	0	R/W	睡眠定时器中断使能:0 为中断禁止;1 为中断使能
4	ENCIE	0	R/W	AES 加密/解密中断使能:0 为中断禁止;1 为中断使能
3	URX1IE	0	R/W	USART1 RX 中断使能:0 为中断禁止;1 为中断使能
2	URX0IE	0	R/W	USART0 RX 中断使能:0 为中断禁止;1 为中断使能
1	ADCIE	0	R/W	ADC 中断使能:0 为中断禁止;1 为中断使能
0	RFERRIE	0	R/W	RF TX/RX FIFO 中断使能:0 为中断禁止;1 为中断使能
IEN1(0xB8)—中断使能寄存器 1(Interrupt Enable 1)				
位	名称	复位	读/写	描述
7:6	—	00	R0	没有使用
5	P0IE	0	R/W	P0 端口中断使能:0 为中断禁止;1 为中断使能
4	T4IE	0	R/W	定时器 4 中断使能:0 为中断禁止;1 为中断使能
3	T3IE	0	R/W	定时器 3 中断使能:0 为中断禁止;1 为中断使能
2	T2IE	0	R/W	定时器 2 中断使能:0 为中断禁止;1 为中断使能
1	T1IE	0	R/W	定时器 1 中断使能:0 为中断禁止;1 为中断使能
0	DMAIE	0	R/W	DMA 传输中断使能:0 为中断禁止;1 为中断使能

续表

IEN2(0x9A)—中断使能寄存器 2(Interrupt Enable 2)			
位	名称	复位	描述
7:6	—	00	没有使用
5	WDTIE	0	看门狗定时器中断使能:0 为中断禁止;1 为中断使能
4	P1IE	0	P1 端口中断使能:0 为中断禁止;1 为中断使能
3	UTX1IE	0	USART1 TX 中断使能:0 为中断禁止;1 为中断使能
2	UTX0IE	0	USART0 TX 中断使能:0 为中断禁止;1 为中断使能
1	P2IE	0	P2 端口中断使能:0 为中断禁止;1 为中断使能
0	RFIE	0	RF 一般中断使能:0 为中断禁止;1 为中断使能

上述 IEN0、IEN1 和 IEN2 中断使能寄存器分别禁止或使能 CC2530 芯片的 18 个中断源响应,以及总中断 IEN0.EA 禁止或使能位。

但对于 P0、P1 和 P2 端口来说,每个 GPIO 引脚都可以作为外部中断输入端口,除了使能对应端口中断外(即 IEN1.P0IE、IEN2.P1IE 和 IEN2.P2IE 为 0),还需要使能对应端口的位中断,各端口位中断相关寄存器见表 3-7。

表 3-7　各端口位中断相关寄存器

P0IEN(0xAB)—P0 端口中断屏蔽(Port 0 Interrupt Mask)				
位	名称	复位	读/写	描述
7:0	P0_[7:0]IEN	0x00	R/W	P0_7—P0_0 的中断使能:0 为中断禁止;1 为中断使能
P1IEN(0x8D)—P1 端口中断屏蔽(Port 1 Interrupt Mask)				
位	名称	复位	读/写	描述
7:0	P1_[7:0]IEN	0x00	R/W	P1_7—P1_0 的中断使能:0 为中断禁止;1 为中断使能
P2IEN(0xAC)—P2 端口中断屏蔽(Port 2 Interrupt Mask)				
位	名称	复位	读/写	描述
7:6	—	00	R0	未使用
5	DPIEN	0	R/W	USB D+中断使能
4:0	P2_[4:0]IEN	0	0000	P2_4—P2_0 的中断使能:0 为中断禁止;1 为中断使能
PICTL(0x8C)—I/O 端口中断控制(Port Interrupt Control)				
位	名称	复位	读/写	描述
7	PADSC	0	R/W	I/O 引脚在输出模式下的驱动能力控制
6:4	—	000	R0	不使用
3	P2ICON	0	R/W	P2_4—P2_0 的中断配置: 0 为上升沿产生中断;1 为下降沿产生中断

续表

位	名称	复位	读/写	描述
2	P1ICONH	0	R/W	P1_7—P1_4 的中断配置： 0 为上升沿产生中断；1 为下降沿产生中断
1	P1ICONL	0	R/W	P1_3—P1_0 的中断配置： 0 为上升沿产生中断；1 为下降沿产生中断
0	P0ICON	0	R/W	P0_7—P0_0 的中断配置： 0 为上升沿产生中断；1 为下降沿产生中断

（2）中断使能方法

①开总中断，设置总中断为 1，即 IEN0.EA＝1。

②开中断源，设置 IEN0、IEN1 和 IEN2 寄存器中相应中断使能位为 1。

③若是外部中断，还需设置 P0IEN、P1IEN 或 P2IEN 中的对应引脚位中断使能位为 1。

④在 PICTL 寄存器中设置 P0、P1 或 P2 中断是上升沿还是下降沿触发。

【试一试】P1 端口的低 4 位配置为外部中断输入，且下降沿产生中断，应如何对其初始化？

解：①开总中断。IEN0|＝0x80 或 EA＝1，因为 IEN0 寄存器支持位寻址。具体哪些寄存器支持位寻址，可查阅 iocc2530.h 文件。

②开中断源。IEN2|＝0x10。IEN2 寄存器的第 4 位对应 P1 端口中断使能位。

③外部中断位使能。P1IEN|＝0x0F。P1 端口低 4 位中断使能。

④触发方式设置。PICTL|＝0x02。P1 端口低 4 位下降沿触发中断。

3.CC2530 中断响应

当中断发生时，只有总中断和中断源都被使能（对于外部中断，还需使能对应的引脚位中断），CPU 才会进入中断服务程序，进行中断处理。但是不管中断源有没有被使能，硬件都会自动把该中断源对应的中断标志设置为 1。中断标志位相关寄存器见表 3-8。

表 3-8 中断标志位相关寄存器

TCON（0x88）—中断标志寄存器（Interrupt Flags）				
位	名称	复位	读/写	描述
7	URX1IF	0	R/WH0	USART1 RX 中断标志位。当该中断发生时，该位被置 1；且当 CPU 指令进入中断服务程序时，该位被清 0。 0 为无中断未决；1 为中断未决
6	—	0	R/W	没有使用
5	ADCIF	0	R/WH0	ADC 中断标志位。当该中断发生时，该位被置 1；且当 CPU 指令进入中断服务程序时，该位被清 0。 0 为无中断未决；1 为中断未决
4	—	0	R/W	没有使用

续表

位	名称	复位	读/写	描述
3	URX0IF	0	R/WH0	USART0 RX 中断标志位。当该中断发生时,该位被置 1;且当 CPU 指令进入中断服务程序时,该位被清 0。 0 为无中断未决;1 为中断未决
2	IT1	1	R/W	保留。必须一直设置为 1。设置为 0 将使能低级别中断探测
1	RFERRIF	0	R/WH0	RF TX/RX FIFO 中断标志位。当该中断发生时,该位被置 1;且当 CPU 指令进入中断服务程序时,该位被清 0。 0 为无中断未决;1 为中断未决
0	IT0	1	R/W	保留。必须一直设置为 1。设置为 0 将使能低级别中断探测
S0CON(0x98)—中断标志位寄存器 2(Interrupt Flags 2)				
位	名称	复位	读/写	描述
7:2	—	0000	R/W	没有使用
1	ENCIF_1	0	R/W	AES 中断。ENC 有 ENCIF_1 和 ENCIF_0 两个标志位,设置其中一个标志位就会请求中断服务,当 AES 协处理器请求中断时,该两个标志位都被置 1。 0 为无中断未决;1 为中断未决
0	ENCIF_0	0	R/W	AES 中断。ENC 有 ENCIF_1 和 ENCIF_0 两个标志位,设置其中一个标志位就会请求中断服务,当 AES 协处理器请求中断时,该两个标志位都被置 1。 0 为无中断未决;1 为中断未决
S1CON(0x9B)—中断标志位寄存器 3(Interrupt Flags 3)				
位	名称	复位	读/写	描述
7:2	—	0000	R/W	没有使用
1	RFIF_1	0	R/W	RF 一般中断。RF 有 RFIF_1 和 RFIF_0 两个标志位,设置其中一个标志位就会请求中断服务,当无线设备请求中断时,该两个标志位都被置 1。 0 为无中断未决;1 为中断未决
0	RFIF_0	0	R/W	RF 一般中断。RF 有 RFIF_1 和 RFIF_0 两个标志位,设置其中一个标志位就会请求中断服务,当无线设备请求中断时,该两个标志位都被置 1。 0 为无中断未决;1 为中断未决
IRCON(0xC0)—中断标志位寄存器 4(Interrupt Flags 4)				
位	名称	复位	读/写	描述
7	STIF	0	R/W	睡眠定时器中断标志位:0 为无中断未决;1 为中断未决
6	—	0	R/W	必须写为 0。写为 1 总是使能中断源

续表

位	名称	复位	读/写	描述
5	P0IF	0	R/W	P0 端口中断标志位:0 为无中断未决;1 为中断未决
4	T4IF	0	R/WH0	定时器 4 中断标志位。当定时器 4 发生中断时设置为 1 并且当 CPU 指令进入中断服务程序时,该位被清 0。0 为无中断未决;1 为中断未决
3	T3IF	0	R/WH0	定时器 4 中断标志位。当定时器 4 发生中断时设置为 1 并且当 CPU 指令进入中断服务程序时,该位被清 0。0 为无中断未决;1 为中断未决
2	T2IF	0	R/WH0	定时器 4 中断标志位。当定时器 4 发生中断时设置为 1 并且当 CPU 指令进入中断服务程序时,该位被清 0。0 为无中断未决;1 为中断未决
1	T1IF	0	R/WH0	定时器 4 中断标志位。当定时器 4 发生中断时设置为 1 并且当 CPU 指令进入中断服务程序时,该位被清 0。0 为无中断未决;1 为中断未决
0	DMAIF	0	R/W	DMA 传输完成中断标志位:0 为无中断未决;1 为中断未决
IRCON2(0xE8)—中断标志位寄存器 5(Interrupt Flags 5)				
位	名称	复位	读/写	描述
7:5	—	000	R/W	没有使用
4	WDTIF	0	R/W	看门狗定时器中断标志位:0 为无中断未决;1 为中断未决
3	P1IF	0	R/W	P1 端口中断标志位:0 为无中断未决;1 为中断未决
2	UTX1IF	0	R/W	USART1 TX 中断标志位:0 为无中断未决;1 为中断未决
1	UTX0IF	0	R/W	USART0 TX 中断标志位:0 为无中断未决;1 为中断未决
0	P2IF	0	R/W	P2 端口中断标志位:0 为无中断未决;1 为中断未决
P0IFG(0x89)—P0 端口中断状态标志(Port 0 Interrupt Status Flag)				
位	名称	复位	读/写	描述
7:0	P0IF[7:0]	0x00	R/W	P0_7—P0_0 引脚输入中断标志位,当端口有中断申请发生时,对应端口中断标志位被置 1
P1IFG(0x8A)—P1 端口中断状态标志(Port 1 Interrupt Status Flag)				
位	名称	复位	读/写	描述
7:0	P1IF[7:0]	0x00	R/W	P1_7—P1_0 引脚输入中断标志位,当端口有中断申请发生时,对应端口中断标志位被置 1
P2IFG(0x8B)—P2 端口中断状态标志(Port 2 Interrupt Status Flag)				
位	名称	复位	读/写	描述
7:5	—	000	R0	高 3 位(P2_7—P2_5)没有使用
4:0	P2IF[4:0]	0x00	R/W	P2_4—P2_0 引脚输入中断标志位,当端口有中断申请发生时,对应端口中断标志位被置 1

4.中断处理

当中断发生时,若中断源使能了,则 CPU 指向中断向量地址,进入中断服务函数。在 iocc2530.h 文件中有中断向量的定义,如下所示:

①#define RFERR_VECTOR VECTI 0,0x03)/* RF TX FIFO Underflow and RX FIFO Overflow */

②#define ADC_VECTOR VECT(1,0x0B) /* ADC End of Conversion */

③#define URXO_VECTOR VECT(2,0x13)/* USARTO RX Complete */

④#define URX1 VECTOR VECT(3,0x1B)/* USART1 RX Complete */

⑤#define ENC_VECTOR VECT(4,0x23)/* AES Encryption/Decryption Complete */

⑥#define ST_VECTORVECT(5,0x2B)/* Sleep Timer Compare */

⑦……//总共 18 个中断源。

5.CC2530 中断优先级

一旦中断服务开始,就只能被更高优先级的中断打断,不允许被较低级别或同级的中断打断。中断组合成 6 个中断优先组,18 个中断源分组情况见表 3-9。

表 3-9　中断源分组情况

组	中断源		
中断第 0 组(IPG0)	RFERR	RF	DMA
中断第 1 组(IPG1)	ADC	T1	P2INT
中断第 2 组(IPG2)	URX0	T2	UTX0
中断第 3 组(IPG3)	URX1	T3	UTX1
中断第 4 组(IPG4)	ENC	T4	P1INT
中断第 5 组(IPG5)	ST	P0INT	WDT

每组的优先级通过设置寄存器 IP0 和 IP1 来实现,见表 3-10 和表 3-11。

表 3-10　中断优先级相关寄存器

IP0(0xA9)—中断优先级寄存器 0(Interrupt Priority 0)				
位	名称	复位	读/写	描述
7:6	—	00	R/W	不使用
5	IP0_IPG5	0	R/W	中断第 5 组,优先级控制位 0
4	IP0_IPG4	0	R/W	中断第 4 组,优先级控制位 0
3	IP0_IPG3	0	R/W	中断第 3 组,优先级控制位 0
2	IP0_IPG2	0	R/W	中断第 2 组,优先级控制位 0
1	IP0_IPG1	0	R/W	中断第 1 组,优先级控制位 0
0	IP0_IPG0	0	R/W	中断第 0 组,优先级控制位 0

续表

IP1(0xB9)—中断优先级寄存器 1(Interrupt Priority 1)				
位	名称	复位	读/写	描述
7:6	—	00	R/W	不使用
5	IP1_IPG5	0	R/W	中断第 5 组,优先级控制位 1
4	IP1_IPG4	0	R/W	中断第 4 组,优先级控制位 1
3	IP1_IPG3	0	R/W	中断第 3 组,优先级控制位 1
2	IP1_IPG2	0	R/W	中断第 2 组,优先级控制位 1
1	IP1_IPG1	0	R/W	中断第 1 组,优先级控制位 1
0	IP1_IPG0	0	R/W	中断第 0 组,优先级控制位 1

表 3-11　优先级设置

IP1_IPGx(x=0~5)	IP0_IPGx(x=0~5)	优先级	
0	0	0(最低优先级)	低 ↓ 高
0	1	1	
1	0	2	
1	1	3(最高优先级)	

例如,当 IP1=0x01、IP0=0x03 时,说明第 0 组的中断优先级为最高(3 级)、第 1 组的中断优先级为次高(1 级),其他组的中断优先级为最低优先级(0 级)。当同时收到几个相同优先级的中断请求时,采取轮流探测顺序来判定哪个中断优先响应。中断轮流探测顺序见表 3-12。

表 3-12　中断轮流探测顺序

优先组别	中断向量编号	中断名称	同级轮流探测顺序
中断第 0 组(IPG0)	0	RFERR	↓
	16	RF	
	8	DMA	
中断第 1 组(IPG1)	1	ADC	
	9	T1	
	6	P2INT	
中断第 2 组(IPG2)	2	URX0	
	10	T2	
	7	UTX0	

续表

优先组别	中断向量编号	中断名称	同级轮流探测顺序
中断第 3 组(IPG3)	3	URX1	↓
	11	T3	
	14	UTX1	
中断第 4 组(IPG3)	4	ENC	
	12	T4	
	15	P1INT	
中断第 5 组(IPG3)	5	ST	
	13	P0INT	
	17	WDT	

【试一试】P1 端口输入中断优先级为最高(3 级),串口 0 接收中断(URX0)优先级为 2 级,定时器 1 优先级为 1 级,应如何对其初始化?

解:P1 端口输入中断在第 4 组,URX0 中断在第 2 组,定时器 1 中断在第 1 组,则 IP1_IPG4=1、IP0_IPG4=1,IP1_IPG2=1、IP0_IPG2=0,IP1_IPG1=0、IP0_IPG1=1。因此,IP1=0x14、IP0=0x11。

操作视频

▶任务实施

1.分析按键和 LED 电路

将 ZigBee 模块固定在 NEWLab 平台上,ZigBee 模块上的 LED1 和 LED2 分别与 P1_0 和 P1_1 相连,SW1 与 P1_2(KEY1)相连,如图 3-21 所示。

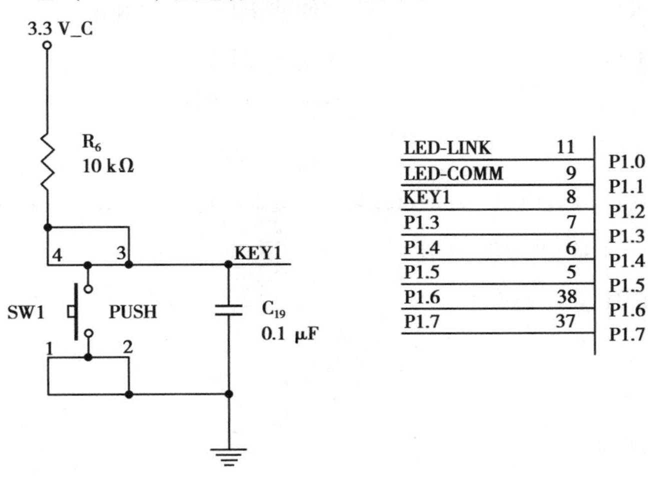

图 3-21　按键控制 LED 电路

2.新建工作区、工程和源文件,并对工程进行相应配置

操作方法详见项目三中的任务准备。

3.编写、分析、调试程序

①编写程序。在编程窗口输入如下代码:

```
#include <ioCC2530.h>
#define    LED1    P1_0          //P1.0 端口控制 LED1 发光二极管
#define    LED2    P1_1          //P1.1 端口控制 LED1 发光二极管
#define    SW1     P1_2          //P1.2 端口与按键 SW1 相连
unsigned char count;             //用于计算按键按下次数
*************************************************************************
void initial_gpio( )
{   P1SEL &= ~0x07;                  //设置 P1.0 P1.1 P1.2 为 GPIO
    P1DIR |= 0X03;                   //设置 P1.0 P1.1 端口为输出
    P1DIR &= ~0X04;                  //设置 P1.2 端口为输入
    P1=0X00;                         //关闭 LED 灯
    P1INP &= ~0X04;                  //P1.2 端口为"上拉/下拉"模式
    P2INP &= ~0X40;                  //对所有 P1 端口设置为"上拉"
}
*************************************************************************
void initial_interrupt( )
{   EA = 1;                          //使能总中断
    IEN2 |= 0X10;                    //使能 P1 端口中断源
    P1IEN |= 0X04;                   //使能 P1.2 位中断
    PICTL |= 0X02;                   //P1.2 中断触发方式为:下降沿触发
}
*************************************************************************
#pragma vector = P1INT_VECTOR
__interrupt void P1_ISR(void)
{   if(P1IFG==0x04)                         //判断 P1.2 是否产生中断
    {     count++;
          switch(count)
          {    case 1: LED1=1;break;        //点亮 LED1
               case 2: LED2=1;break;        //点亮 LED2
```

```
            default: P1 = 0X00; count = 0x00; break;   //灭掉 LED1—LED4,并把 count
                                                          清零
        }   }
    P1IF = 0x00;                        //清除 P1 端口中断标志位
    P1IFG = 0x00;                       //清除 P1.2 中断标志位
}
*********************************************************************************
void main(void)
{   initial_gpio();                     //GPIO 初始化
    initial_interrupt();                //中断初始化
    while(1)
    {   ;   }}
```

②编译、下载程序。编译无错后,下载程序。

③测试程序功能,第 1 次按下 SW1 时,LED1 点亮;第 2 次按下 SW1 时,LED2 点亮;第 3 次按下 SW1 时,LED1 和 LED2 都熄灭;第 4 次按下 SW1 时,LED1 点亮,这样依次循环,达到任务要求。

▶任务练习

1.带串口的 ZigBee 模块有 4 只 LED,分别与 CC253[illegible]P1_3 和 P1_4 相连,采用 SW1 控制 4 只 LED 循环点亮和熄灭,实现任务三的[illegible]

2.采用 ZigBee 模块和 NEWLab 平台组成一个脉冲检测[illegible],把信号发生器的正脉冲输入到 ZigBee 模块的 J13(P1_3),编写程序,当检测到正脉冲数量达到 100 个时,LED1 点亮。

▶任务评价

<table>
<tr><td colspan="2">班级</td><td colspan="2"></td><td colspan="2">姓名</td><td colspan="2"></td></tr>
<tr><td colspan="2">学习日期</td><td colspan="2"></td><td colspan="2">等级</td><td colspan="2"></td></tr>
<tr><td>序号</td><td>时段</td><td colspan="4">任务准备过程</td><td>分值/分</td><td>得分/分</td></tr>
<tr><td>1</td><td>课前
(10%)</td><td colspan="4">①按照 7S 标准着装规范、入场有序、工位整洁(5 分)
②准备实训平台、耗材、工具、学习资讯等(5 分)</td><td>10</td><td></td></tr>
<tr><td rowspan="2">2</td><td rowspan="7">课中
(60%)</td><td colspan="4">情感态度评价</td><td rowspan="2">10</td><td rowspan="2"></td></tr>
<tr><td colspan="4">小组学习氛围浓厚,沟通协作好,具有文明规范操作职业习惯(10 分)</td></tr>
<tr><td rowspan="5">3</td><td>任务工作过程评价</td><td>自评</td><td>互评</td><td>师评</td><td rowspan="5">50</td><td rowspan="5"></td></tr>
<tr><td>①硬件环境搭建正确(10 分)</td><td></td><td></td><td></td></tr>
<tr><td>②程序编写、调试正确(20 分)</td><td></td><td></td><td></td></tr>
<tr><td>③完成程序下载(10 分)</td><td></td><td></td><td></td></tr>
<tr><td>④实现功能(10 分)</td><td></td><td></td><td></td></tr>
<tr><td>4</td><td>课后
(30%)</td><td>任务练习完成情况(30 分)</td><td></td><td></td><td></td><td>30</td><td></td></tr>
<tr><td colspan="6">总分</td><td>100</td><td></td></tr>
<tr><td>备注</td><td colspan="7">A.80~100 分;B.70~79 分;C.60~69 分;D.60 分以下</td></tr>
</table>

▶任务小结

请总结本次任务过程中的优缺点,并提出改进计划,写入下表。

完成事项	优点	存在问题	改进计划
任务实施			
任务练习			
其他			

任务三　定时器 1 控制 LED 灯

▶任务描述

采用定时器 1 控制 LED1,使之每隔 5 s 闪烁 1 次。

▶任务目标

①掌握 CC2530 单片机定时器的定时模式和中断方式；
②能进行定时、计数编程。

▶任务准备

1.CC2530 的定时/计数器

CC2530 芯片有 T1、T2、T3 和 T4 定时/计数器,它们具有如下特点：

①T1 为 16 位定时/计数器,支持输入采样、输出比较(PWM)功能,具有 5 个独立的输入采样/输出比较通道,每一个通道对应一个 I/O 口。

②T2 为 MAC 定时器。

③T3 和 T4 为 8 位定时/计数器,支持输出比较和 PWM 功能,具有 2 个独立的输出比较通道,每一个通道对应一个 I/O 口。

2.T1 定时器相关寄存器

定时器 1 具有定时、输入采样及输出比较(PWM)三大功能,这里主要介绍与定时相关的寄存器,具体描述见表 3-13。

表 3-13　定时器 1 定时相关寄存器

T1CNTH(0xE3)—定时器 1 计数器高位(Timer 1 Counter High)				
位	名称	复位	读/写	描述
7:0	CNT[15:8]	0x00	R	定时器计数器高 8 位。包含在读取 T1CNTL 时,16 位定时器的高字节被缓存
T1CNTL(0xE2)—定时器 1 计数器低位(Timer 1 Counter Low)				
位	名称	复位	读/写	描述
7:0	CNT[7:0]	0x00	R/W	定时器计数器低 8 位。往该寄存器中写任何值,导致计数器被清除为 0x0000,初始化所有通道的输出引脚
T1CTL(0xE4)—定时器 1 控制(Timer 1 Control)				
位	名称	复位	读/写	描述
7:4	—	0000	R0	保留

续表

位	名称	复位	读/写	描述
3:2	DIV[1:0]	00	R/W	分频器划分值。活动时钟边缘更新计数器,如下: 00 为标记频率/1;01 为标记频率/8; 10 为标记频率/32;11 为标记频率/128
1:0	MODE[1:0]	00	R/W	定时器 1 模式选择。定时器操作模式通过下列方式选择: 00 为暂停运行; 01 为自由运行,从 0x0000 到 0xFFFF 反复计数; 10 为模,从 0x0000 到 T1CC0 反复计数; 11 为正计数/倒计数,从 0x0000 到 T1CC0 反复计数并且从 T1CC0 倒计数到 0x0000
T1STAT(0xAF)—定时器 1 状态(Timer 1 Status)				
位	名称	复位	读/写	描述
7:6	—	00	R0	保留
5	OVFIF	0	R/W0	定时器 1 溢出中断标志位。当计数器在自由运行或取模模式下达到最终计数值时,或者在正/倒计数模式下达到 0 时,该位被设置为 1。该位写 1 没有影响
4	CH4IF	0	R/W0	定时器 1 通道 4 中断标志位。当通道 4 中断条件发生时,该位设置为 1。该位写 1 没有影响
3	CH3IF	0	R/W0	定时器 1 通道 3 中断标志位。当通道 3 中断条件发生时,该位设置为 1。该位写 1 没有影响
2	CH2IF	0	R/W0	定时器 1 通道 2 中断标志位。当通道 2 中断条件发生时,该位设置为 1。该位写 1 没有影响
1	CH1IF	0	R/W0	定时器 1 通道 1 中断标志位。当通道 1 中断条件发生时,该位设置为 1。该位写 1 没有影响
0	CH0IF	0	R/W0	定时器 1 通道 0 中断标志位。当通道 0 中断条件发生时,该位设置为 1。该位写 1 没有影响
T1CC0H(0xDB)—定时器 1 通道 0 捕获/比较值高位(Timer 1 Channel 0 Capture/Compare Value,High)				
位	名称	复位	读/写	描述
7:0	T1CC0[15:8]	0x00	R/W	定时器 1 通道 0 捕获/比较高 8 位。当 T1CCTL0.MODE=1(比较模式)时,对该寄存器写操作,导致 T1CC0[15:0]更新写入值延迟到 T1CNT=0x0000
T1CC0L(0xDA)—定时器 1 通道 0 捕获/比较值低位(Timer 1 Channel 0 Capture/Compare Value,Low)				
位	名称	复位	读/写	描述
7:0	T1CC0[7:0]	0x00	R/W	定时器 1 通道 0 捕获/比较低 8 位。写到该寄存器的数据被存储到一个缓存中,同时后一次写 T1CC0H 生效,才写入 T1CC0[7:0]

续表

TIMIF(0xD8)—定时器 1/3/4 中断屏蔽/标志(Timer 1/3/4 Interrupt Mask/Flag)				
位	名称	复位	读/写	描述
7	—	0	R0	没有使用
6	OVFIM	1	R/W	定时器 1 溢出中断使能(注:复位时就使能了) 0 为中断禁止;1 为中断使能
5	T4CH1IF	0	R/W0	定时器 4 通道 1 中断标志 0 为没有中断等待;1 为中断正在等待
4	T4CH0IF	0	R/W0	定时器 4 通道 0 中断标志 0 为没有中断等待;1 为中断正在等待
3	T4OVFIF	0	R/W0	定时器 4 溢出中断标志 0 为没有中断等待;1 为中断正在等待
2	T3CH1IF	0	R/W0	定时器 3 通道 1 中断标志 0 为没有中断等待;1 为中断正在等待
1	T3CH0IF	0	R/W0	定时器 3 通道 0 中断标志 0 为没有中断等待;1 为中断正在等待
0	T3OVFIF	0	R/W0	定时器 3 溢出中断标志 0 为没有中断等待;1 为中断正在等待

3.T1 操作方式

定时器 1 有如下 3 种操作方式。

(1)自由运行模式

当计数器达到 0xFFFF 时(溢出),计数器载入 0x0000,继续递增它的值,如图 3-22 所示。当达到最终计数值 0xFFFF 时,IRCON.T1IF 和 T1STAT.OVFIF 两个标志位被置 1,此时如果设置了相应的中断使能位 T1MIF.OVFIM 和 IEN1.T1IE,将产生中断请求。自由运行模式可以用于产生独立的时间间隔,输出信号频率。

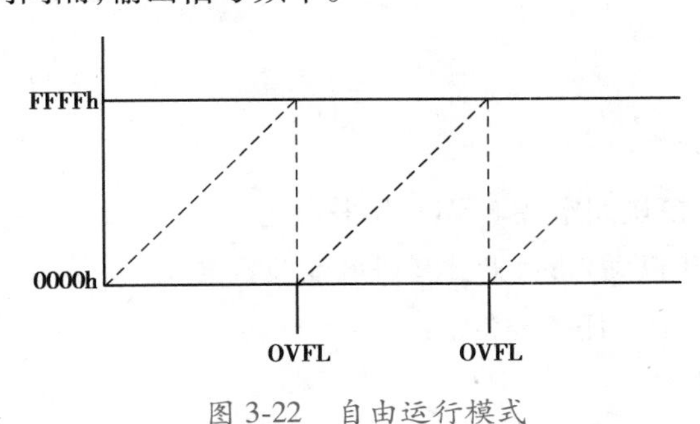

图 3-22 自由运行模式

(2)模块模式(Modulo Mode)

在该模式下,计数器从 0x0000 开始计数,每个分频后的时钟边沿增加 1,当计数器达到 TICCO(由 TICCOH:TICCOL 组合)时溢出,计数器重新载入 0x0000,继续递增它的值,如图

3-23 所示。当达到最终计数值 TICCO 时,IRCON.TIIF 和 T1STAT.OVFIF 两个标志位被置 1,此时如果设置了相应的中断使能位 T1MIF.OVFIM 和 IEN1.TIIE,将产生中断请求。如果定时器 1 的计数器开始于 TICCO 以上的一个值,当达到最终计数值(OxFFFF)时,上述相应标志位被置 1,模块模式被用于周期不是 0xFFFF 的场合。

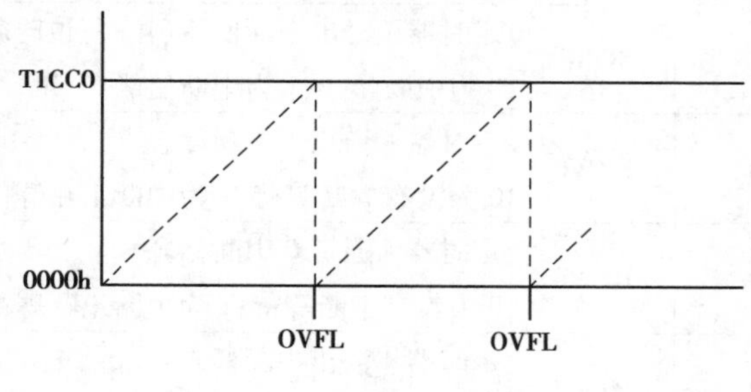

图 3-23 模块模式

(3)正计数/倒计数模式(Up/Down Mode)

在该模式下,计数器反复从 0x0000 开始计数,正计数到 T1CCO 时,然后计数器将倒计数直到 0x0000,如图 3-24 所示。当达到最终计数 0x0000 时,IRCON.TIIF 和 TISTAT.OVFIF 两个标志位被置 1,此时如果设置了相应的中断使能位 T1MIF.OVFIM 和 IEN1.TIIE,将产生中断请求。这种模式被用于周期为对称输出脉冲或允许中心对齐的 PWM 输出应用,而非周期为 0xFFFF 的场合。

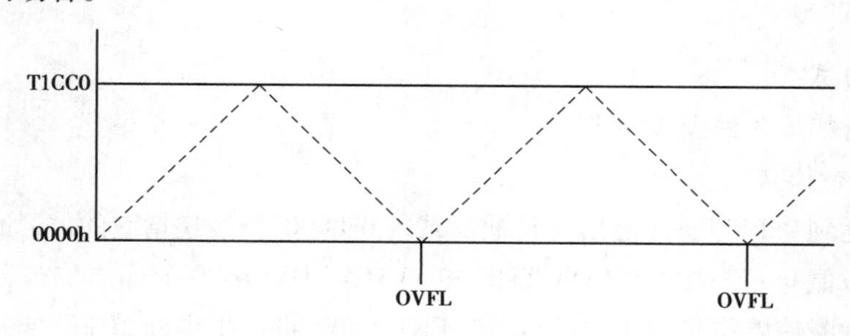

图 3-24 正计数/倒计数模式

操作视频

▶任务实施

1.搭建系统

搭建系统,将 ZigBee 模块固定在 NEWLab 平台上。

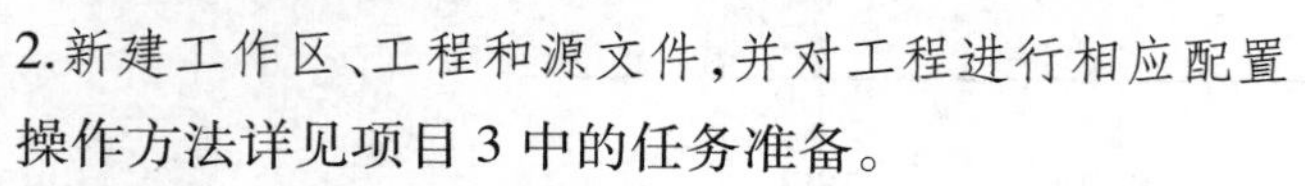

2.新建工作区、工程和源文件,并对工程进行相应配置

操作方法详见项目 3 中的任务准备。

3.编写、分析、调试程序

①初始化 T1 中断。

②设置 T1CTL,使 T1 处于 8 分频的自由运行模式,T1 计数器每 8/(32×106) s 增加所以 T1 计数器计数到 0xFFFF 时,发生溢出中断,整个过程耗时大约为 0.016 s,因此,需要中断 300 次才使 LED1 闪烁一次。

③LED1 与 P1.0 相连，设置 P1.0 引脚为 GPIO、输出状态。

④编写程序代码如下：

```
#include <ioCC2530.h>
#define LED1 P1_0                    //P1.0 端口控制 LED1 发光二极管第 3 个
unsigned int count;                  //定义中断次数变量
*****************************************************************************
void initial_t1( )
{    T1IE = 1;                       //使能 T1 中断源
     T1CTL = 0X05;                   //启动定时器 1，设 8 分频自由运行模式
     TIMIF |= 0X40;                  //使能 T1 溢出中断
     EA = 1;                         //使能总中断
}
*****************************************************************************
#pragma vector = T1_VECTOR
__interrupt void T1_ISR( void)
{      IRCON = 0X00;                 //清中断标志位，硬件会自动清零，即此语句可省略
     if( count>300)
     {      count = 0x00;
          LED1 = ! LED1;}
     else
     {     count++;       }}
*****************************************************************************
void main( void)
{    CLKCONCMD &= ~0X7F;     //晶振设置为 32 MHz
     while( CLKCONCMD & 0x40);//等待晶振稳定
     initial_t1( );                  //调用 T1 初始化函数
     P1SEL &= ~0x01;                      //设置 P1.0 为 GPIO
     P1DIR |= 0X01;                       //定义 P1.0 端口为输出
     LED1=0;                         //关闭 LED1
     while(1);
}
```

⑤编译、下载程序。

编译无错后，下载程序，可以看到 LED1 每隔 5 s 闪烁一次。

▶任务练习

1.在上述任务的基础上，分别采用取模模式和正计数/倒计数模式控制 LED1，使其每 5 s

闪烁 1 次。

2. 采用 ZigBee 模块(带串口),利用 T1 定时控制 4 个 LED,实现循环流水灯。

▶任务评价

<table>
<tr><td colspan="2">班级</td><td colspan="2"></td><td colspan="2">姓名</td><td colspan="2"></td></tr>
<tr><td colspan="2">学习日期</td><td colspan="2"></td><td colspan="2">等级</td><td colspan="2"></td></tr>
<tr><td>序号</td><td>时段</td><td colspan="4">任务准备过程</td><td>分值/分</td><td>得分/分</td></tr>
<tr><td>1</td><td>课前
(10%)</td><td colspan="4">①按照 7S 标准着装规范、入场有序、工位整洁(5 分)
②准备实训平台、耗材、工具、学习资讯等(5 分)</td><td>10</td><td></td></tr>
<tr><td rowspan="2">2</td><td rowspan="7">课中
(60%)</td><td colspan="4">情感态度评价</td><td rowspan="2">10</td><td rowspan="2"></td></tr>
<tr><td colspan="4">小组学习氛围浓厚,沟通协作好,具有文明规范操作职业习惯(10 分)</td></tr>
<tr><td rowspan="5">3</td><td>任务工作过程评价</td><td>自评</td><td>互评</td><td>师评</td><td rowspan="5">50</td><td rowspan="5"></td></tr>
<tr><td>①硬件环境搭建正确(10 分)</td><td></td><td></td><td></td></tr>
<tr><td>②程序编写、调试正确(20 分)</td><td></td><td></td><td></td></tr>
<tr><td>③完成程序下载(10 分)</td><td></td><td></td><td></td></tr>
<tr><td>④功能实现(10 分)</td><td></td><td></td><td></td></tr>
<tr><td>4</td><td>课后
(30%)</td><td>任务练习完成情况(30 分)</td><td></td><td></td><td></td><td>30</td><td></td></tr>
<tr><td colspan="6">总分</td><td>100</td><td></td></tr>
<tr><td>备注</td><td colspan="7">A.80~100 分;B.70~79 分;C.60~69 分;D.60 分以下</td></tr>
</table>

▶任务小结

请总结本次任务过程中的优缺点,并提出改进计划,写入下表。

完成事项	优点	存在问题	改进计划
任务练习			
任务实施			
其他			

任务四　ZigBee 模块串口通信

▶任务描述

ZigBee 模块通过串口向 PC 发送字符串“What is your name?”,PC 接收到串口信息后,发送名字给 ZigBee 模块,并以“#”作为结束符;ZigBee 模块接收到 PC 发送的信息后,再向 PC 发送“Hello+名字”字符串。

▶任务目标

①掌握 CC2530 单片机串口通信引脚配置方法和发送与接收的工作方法;

②能操作串口进行数据通信。

▶任务准备

1.CC2530 串口通信

(1)CC2530 串口通信接口

CC2530 芯片共有 USART0 和 USART1 两个串行通信接口,它能够运行于异步模式(UART)或者同步模式(SPI)。两个 USART 具有同样的功能,可以设置单独的 I/O 引脚,CC2530 串口外设与 GPI0 引脚的对应关系见表 3-14。

表 3-14　CC2530 串口外设与 GPI O 引脚的对应关系

外设功能		P0								P1							
		7	6	5	4	3	2	1	0	7	6	5	4	3	2	1	0
USART-0 USART	Alt1			RT	CT	TX	RX										
	Alt2											TX	RX	RT	CT		
USART-1 USART	Alt1			RX	TX	RT	CT										
	Alt2									RX	TX	RT	CT				

(2)CC2530 串行通信接口寄存器

对于每个 USART,都有控制和状态寄存器(UxCSR)、UART 控制寄存器(UxUCR)、通用控制寄存器(UxGCR)、接收/发送数据缓冲寄存器(UxDBUF)和波特率控制寄存器(UxBAUD)共 5 个寄存器。其中,x 是 USART 的编号,为 0 或者 1。串口通信接口相关寄存器见表 3-15。

表 3-15 串口通信接口相关寄存器

UxCSR-USARTx 控制和状态(USARTxControl and Status)				
位	名称	复位	读/写	描述
7	MODE	0	R/W	USART 模式选择。0-SPI 模式;1-UART 模式
6	RE	0	R/W	UART 接收器使能。注意:在 UART 完全配置之前不使能接收 0-禁用接收器;1-接收器使能
5	SLAVE	0	R/W	SPI 主或者从模式选择 0-SPI 主模式;1-SPI 从模式
4	FE	0	R/W0	UART 帧错误状态 0-无帧错误检测;1-字节收到不正确停止位级别
3	ERR	0	R/W0	UART 奇偶错误状态 0-无奇偶错误检测;1-字节收到奇偶错误
2	RX_BYTE	0	R/W0	接收字节状态。URAT 模式和 SPI 从模式。当读 U0DBUF 该位自动清除,通过写 0 清除它,这样可有效丢弃 U0DBUF 中的数据 0-没有收到字节;1-准备好接收字节
1	TX_BYTE	0	R/W0	传送字节状态。URAT 模式和 SPI 主模式 0-字节没有被传送; 1-写到数据缓存寄存器的最后字节被传送
0	ACTIVE	0	R	USART 传送/接收主动状态、在 SPI 从模式下该位等于从模式选择 0-USART 空闲;1-在传送或者接收模式 USART 忙碌
UxUCR-USARTxUART 控制(USARTxUART Control)				
位	名称	复位	读/写	描述
7	FLUSH	0	R0/W1	清除单元。当设置时,该事件将会立即停止当前操作并且返回单元的空闲状态
6	FLOW	0	R/W	UART 硬件流使能。用 RTS 和 CTS 引脚选择硬件流量控制的使用 0-流控制禁止;1-流控制使能
5	D9	0	R/W	UART 奇偶校验位。当使能奇偶校验,写入 D9 的值决定发送的第 9 位的值,如果收到的第 9 位不匹配收到字节的奇偶校验,那么接收时报告 ERR。如果奇偶校验使能,那么该位设置以下奇偶校验级别 0-奇校验;1-偶校验
4	BIT9	0	R/W	UART 9 位数据使能。当该位是 1 时,使能奇偶校验位传输(即第 9 位)。如果通过 PARITY 使能奇偶校验,则第 9 位的内容是通过 D9 给出的 0-8 位传送;1-9 位传送

续表

位	名称	复位	读/写	描述
3	PARITY	0	R/W	UART 奇偶校验使能。除了为奇偶校验设置该位用于计算,必须使能 9 位模式 0-禁用奇偶校验;1-奇偶校验使能
2	SPB	0	R/W	UART 停止位的位数。选择要传送的停止位的位数 0-1 位停止位;1-2 位停止位
1	STOP	1	R/W	UART 停止位的电平必须不同于开始位的电平 0-停止位低电平;1-停止位高电平
0	START	0	R/W	UART 起始位电平。闲置线的极性采用选择的起始位级别电平的相反电平 0-起始位低电平;1-起始位高电平
U0GCR-USARTx 通用控制(USARTxGeneric Control)				
位	名称	复位	读/写	描述
7	CPOL	0	R/W	SPI 的时钟极性。0-负时钟极性;1-正时钟极性
6	CPHA	0	R/W	SPI 时钟相位 0-当 SCK 从 CPOL 倒置到 CPOL 时,数据输出到 MOSI 端口;当 SCK 从 CPOL 到 CPOL 倒置时,对 MISO 端口数据采样输入 1-当 SCK 从 CPOL 到 CPOL 倒置时,数据输出到 MOSI 端口;当 SCK 从 CPOL 倒置到 CPOL 时,对 MISO 端口数据采样输入
5	ORDER	0	R/W	传送位顺序。0-LSB 先传送;1-MSB 先传送
4:0	BAUD_E[4:0]	0 0000	R/W	波特率指数值。BAUD_E 和 BAUD_M 决定了 UART 波特率和 SPI 的主 SCK 时钟频率
UxDBUF-USARTx 接收/传送数据缓存(USARTxReceive/Transmit Data Buffer)				
位	名称	复位	读/写	描述
7:0	DATA[7:0]	0x00	R/W	USART 接收和传送数据。当写这个寄存器时,数据被写到内部,传送数据寄存器。当读取该寄存器时,数据来自内部读取的数据寄存器
UxBAUD-USART x 波特率控制(USARTxBaud-Rate Control)				
位	名称	复位	读/写	描述
7:0	BAUD_M[7:0]	0x00	R/W	波特率小数部分的值。BAUD_E 和 BAUD_M 决定了 UART 的波特率和 SPI 的主 SCK 时钟频率

(3)设置串口通信接口寄存器波特率

当运行在 UART 模式时,内部的波特率发生器设置 UART 波特率。当运行在 SPI 模式时,内部的波特率发生器设置 SPI 主时钟频率。由寄存器 UxBAUD.BAUD_M[7:0] 和

UxGCR.BAUD_E[4:0]定义波特率。该波特率用于 UART 传送,也用于 SPI 传送的串行时钟速率。

$$波特率=\frac{(256+BAUD_M)\times 2^{BAUD\_E}}{2^{28}}\times f$$

式中,f 是系统时钟频率,等于 16 MHz RCOSC 或者 32 MHz XOSC。

32 MHz 系统时钟常用的波特率设置见表 3-16。其中真实波特率与标准波特率之间的误差,用百分数表示。

表 3-16　32 MHz 系统时钟常用的波特率设置

波特率/(B·s^{-1})	UxBAUD.BAUD_M	UxGCR.BAUD_E	误差/%
2 400	59	6	0.14
4 800	59	7	0.14
9 600	59	8	0.14
14 400	216	8	0.03
19 200	59	9	0.14
28 800	216	9	0.03
38 400	59	10	0.14
57 600	216	10	0.03
76 800	59	11	0.14
115 200	216	11	0.03
230 400	216	12	0.03

2.UART 发送与接收

(1)UART 发送

当 USART 收/发数据缓冲器、寄存器 UxDBUF 写入数据时,该字节发送到输出引脚 TXDx。UxDBUF 寄存器是双缓冲的。当字节传送开始时,UXCSR.ACTIVE 位变为高电平,而当字节传送结束时变为低电平。当传送结束时,UXCSR.TX_BYTE 位设置为 1。当 USART 收/发数据缓冲寄存器就绪,准备接收新的发送数据时,就产生了一个中断请求。该中断在传送开始之后立刻发生,因此,当字节正在发送时,新的字节能够装入数据缓冲器。

【试一试】通过串口,ZigBee 模块不断地向 PC 发送字符串“Hello ZigBee!”。

解:根据题目要求,绘制程序流程图,如图 3-25 所示,程序如下:

```
#include <ioCC2530.h>
char data[ ] ="Hello ZigBee!";
// ************************************************************
void delay(unsigned int i)
{    unsigned int j,k;
```

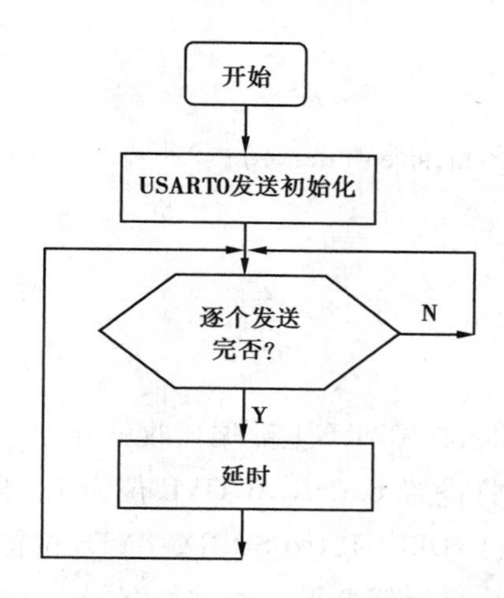

图 3-25　UART 发送程序流程图

```
    for(k=0;k<i;k++)
    { for(j=0;j<500;j++);      }}
//***************************************************************
void initial_usart_tx()
{   CLKCONCMD &= ~0X7F;                         //晶振设置为 32 MHz
    while(CLKCONSTA & 0X40);                        //等待晶振稳定
    CLKCONCMD &= ~0X47;             //设置系统主时钟频率为 32 MHz
    PERCFG = 0X00;              //USART0 使用备用位置 1 TX-P0.3 RX-P0.2
    P0SEL |= 0X3C;             //P0.2 P0.3 P0.4 P0.5 用于外设功能
    P2DIR &= ~0xC0;                //P0 优先作为 UART 方式
    U0CSR = 0X80;         //UART 模式
    U0GCR = 9;
    U0BAUD = 59;         //波特率设为 19 200
    UTX0IF = 0;          //UART0 TX 中断标志位清零
}
//****************************************************************
void uart_tx_string(char *data_tx,int len)
{   unsigned int j;
    for(j=0;j<len;j++)
    {     U0DBUF = *data_tx++;
        while(UTX0IF == 0);       //等待发送完成
        UTX0IF = 0;}}
//****************************************************************
void main(void)
```

```
{   initial_usart_tx( ) ;
    while(1)
    {   uart_tx_string( data,sizeof( data) ) ;      //sizeof( data)函数计算字符串个数
        delay(1000) ;
    }
}
```

(2)UART 接收

当1写入 UxCSR.RE 位时,在 UART 上数据接收就开始了。然后 UART 会在输入引脚 RXDx 中寻找有效起始位,并且设置 UxCSR.ACTIVE 位为1。当检测出有效起始位时,收到的字节就传入到接收寄存器(UxDBUF),UxCSR.RX_BYTE 位置为1。该操作完成时,产生接收中断。同时 UxCSR.ACTIVE 变为低电平。通过寄存器 UxBUF 接收数据,当 UxBUF 读出时,UxCSR.RX_BYTE 位由硬件清零。

【试一试】通过串口,PC 向 ZigBee 模块(带串口)发送指令,点亮 LED1~LED4。发送1时,LED1 亮;发送2时,LED2 亮;发送3时,LED3 亮;发送4时,LED4 亮;发送5时,LED 全灭。

解:根据题目要求,绘制程序流程图,程序如下所示:

```
#include <ioCC2530.h>
#define LED1 P1_0          //P1.0 端口控制 LED1 发光二极管   第3个
#define LED2 P1_1          //P1.1 端口控制 LED1 发光二极管   第4个
#define LED3 P1_3          //P1.3 端口控制 LED1 发光二极管   第1个
#define LED4 P1_4          //P1.4 端口控制 LED1 发光二极管   第2个
//************************************************************
void delay( unsigned int i)
{   unsigned int j,k;
    for( k=0;k<i;k++)
    { for( j=0;j<500;j++) ;      }
}
//************************************************************
void initial_usart_tx( )
{   CLKCONCMD &= ~0X7F;      //晶振设置为32 MHz
    while( CLKCONSTA & 0X40) ;      //等待晶振稳定
    CLKCONCMD &= ~0X47;      //设置系统主时钟频率为32 MHz
    PERCFG = 0X00;      //USART0 使用备用位置1 TX-P0.3 RX-P0.2
    P0SEL |=0X3C;      //P0.2 P0.3 P0.4 P0.5 用于外设功能
    P2DIR &= ~0xC0;      //P0 优先作为 UART 方式
    U0CSR |= 0XC0;      //UART 模式 允许接收
```

```
    U0GCR = 9;
    U0BAUD = 59;      //波特率设为 19 200
    URX0IF = 0;     //UART0 TX 中断标志位清零
}
//*****************************************************************
void uart_tx_string( char *data_tx,int len)
{   unsigned int j;
    for(j=0;j<len;j++)
    {   U0DBUF = *data_tx;
        while( UTX0IF == 0);
        UTX0IF = 0;
    }
}
//*****************************************************************
void main( void)
{   initial_usart_tx( ) ;
    P1SEL &=0xE6;            //设置 P1.0 P1.1 P1.3 P1.4 为 GPIO
    P1DIR |= 0X1B;           //定义 P1.0 端口为输出
    P1=0X00;
    while(1)
    {   if( URX0IF == 1)
        {   URX0IF = 0;
            switch( U0DBUF)
            {   case '1':LED1 = 1;break;       //'1' 表示接收到数据为字符,以下
                                                 相同
                case 0x02:LED2 = 1;break;//0X02 表示接收到数据为十六进制数,
                                              以下相同
                case 0x03:LED3 = 1;break;
                case 0x04:LED4 = 1;break;
                case '5':LED1 = 0;LED2 = 0;LED3 = 0;LED4 = 0;break;
                default:break;
            }
        }
    }
}
```

注意:选择语句中,case 语句后面的比较常量既可以是字符常量,也可以是十六进制数

常量。但是这些常量的类型与PC串口调试助手所发送数据的类型需要保持一致。

(3)UART中断

每个USART都有两个中断,分别是RX完成中断(URXx)和TX完成中断(UTXx)。当传输开始触发TX中断,且数据缓冲区被卸载时,TX中断发生。USART的中断使能位在寄存器IEN0和寄存器IEN2中,中断标志位在寄存器TCON和寄存器IRCON2中。

【试一试】采用串口中断方式,PC向ZigBee模块(带串口)发送指令点亮LED1~LED4。发送1时,LED1亮;发送2时,LED2亮;发送3时,LED3亮;发送4时,LED4亮;发送5时,LED全灭。

解:根据题目要求,编写如下程序。

```
#include <ioCC2530.h>
#define LED1 P1_0      //P1.0 端口控制 LED1 发光二极管   第 3 个
#define LED2 P1_1      //P1.1 端口控制 LED1 发光二极管   第 4 个
#define LED3 P1_3      //P1.3 端口控制 LED1 发光二极管   第 1 个
#define LED4 P1_4      //P1.4 端口控制 LED1 发光二极管   第 2 个
unsigned char temp,RX_flag;
//***************************************************************
void delay(unsigned int i)
{   unsigned int j,k;
    for(k=0;k<i;k++)
    { for(j=0;j<500;j++);
    }
}
//***************************************************************
void initial_usart_tx()
{   CLKCONCMD &= ~0X7F;                         //晶振设置为 32 MHz
    while(CLKCONSTA & 0X40);                    //等待晶振稳定
    CLKCONCMD &= ~0X47;                         //设置系统主时钟频率为 32 MHz
    PERCFG = 0X00;            //USART0 使用备用位置 1 TX-P0.3 RX-P0.2
    P0SEL |=0X3C;             //P0.2 P0.3 P0.4 P0.5 用于外设功能
    P2DIR &= ~0xC0;           //P0 优先作为 UART 方式
    U0CSR |= 0XC0;                              //UART 模式 允许接收
    U0GCR = 9;
    U0BAUD = 59;                                //波特率设为 19 200
    URX0IF = 0;               //UART0 TX 中断标志位清零
    IEN0 = 0X84;
}
```

```
//***************************************************************
void uart_tx_string(char *data_tx,int len)
{   unsigned int j;
    for(j=0;j<len;j++)
    {   U0DBUF = *data_tx;
        while(UTX0IF == 0);
        UTX0IF = 0;
    }
}
//***************************************************************
#pragma vector = URX0_VECTOR        //串口0接收中断服务函数
__interrupt void UART0_ISR(void)
{   URX0IF = 0;
    temp = U0DBUF;
    RX_flag=1;
}
//***************************************************************
void main(void)
{   initial_usart_tx();
    P1SEL &= 0xE6;          //设置P1.0 P1.1 P1.3 P1.4为GPIO
    P1DIR |= 0X1B;        //定义P1.0端口为输出
    P1=0X00;
    while(1)
    {   if( RX_flag == 1)
        {   RX_flag = 0;
            switch(temp)
            {   case '1':LED1 = 1;break;
                case 0x02:LED2 = 1;break;
                case 0x03:LED3 = 1;break;
                case 0x04:LED4 = 1;break;
                case '5':LED1 = 0;LED2 = 0;LED3 = 0;LED4 = 0;break;
                default:break;
            }
        }
    }
}
```

▶任务实施

1.搭建系统,分析任务要求

①将 ZigBee 模块固定在 NEWLab 平台上,用串口线将 NEWLab 平台与 PC 连接,并将 NEWLab 平台上的通信方式旋钮转到“通信模式”,如图 3-26 所示。

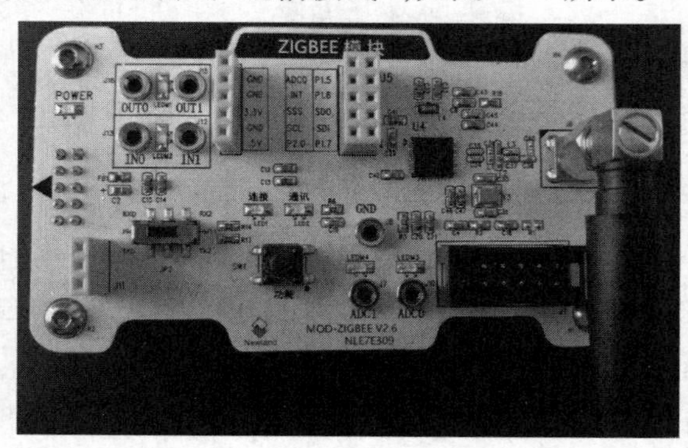

图 3-26　ZigBee 模块设置

②根据任务描述,CC2530 开发板要接收 1 次数据、发送 2 次数据,它们的顺序是:发送数据 1(What is your name?)→接收数据(名字+#)→发送数据 2(Hello 名字)。

2.新建工程和源文件,并对工程进行相应配置

操作方法详见项目三中的任务准备。

3.编写、分析、调试程序

①编写程序,具体代码如下。

```
#include <ioCC2530.h>
char data[ ] = " What is your name?  \n" ;
char name_string[20];
unsigned char temp,RX_flag,counter=0;
********************************************************************************
void delay(unsigned int i)
{     unsigned int j,k;
      for(k=0;k<i;k++)
      {  for(j=0;j<500;j++);
      }
}
********************************************************************************
void initial_usart( )
{     CLKCONCMD &=  ~0X7F;                    //晶振设置为 32 MHz
      while(CLKCONSTA & 0X40);                    //等待晶振稳定
      CLKCONCMD &=  ~0X47;                          //设置系统主时钟频率为 32 MHz
```

```
    PERCFG = 0X00;               //USART0 使用备用位置 1 TX-P0.3 RX-P0.2
    P0SEL |=0X3C;                    //P0.2 P0.3 P0.4 P0.5 用于外设功能
    P2DIR &= ~0xC0;                   //P0 优先作为 UART 方式
    U0CSR |= 0XC0;                   //UART 模式 允许接收
    U0GCR = 9;
    U0BAUD = 59;                     //波特率设为 19 200
    URX0IF = 0;                     //UART0 TX 中断标志位清零
    IEN0 = 0X84;                    //接收中断使能 总中断使能
}
*******************************************************************************
void uart_tx_string(char *data_tx,int len)
{   unsigned int j;
    for(j=0;j<len;j++)
    {   U0DBUF = *data_tx++;
        while(UTX0IF == 0);
        UTX0IF = 0;
    }
}
*******************************************************************************
#pragma vector = URX0_VECTOR
__interrupt void UART0_RX_ISR(void)
{   URX0IF = 0;
    temp = U0DBUF;
    RX_flag=1;
}
*******************************************************************************
void main(void)
{   initial_usart();                              //调用 UART 初始化函数
    uart_tx_string(data,sizeof(data));           //发送 What is your name?
    while(1)
    {   if(RX_flag == 1)
        {   RX_flag = 0;
            if(temp != '#')
            {   name_string[counter++] = temp;     //存储接收数据:名字+#
            }
            else
```

```
        {   U0CSR &= ~0X40;                                   //禁止接收
            uart_tx_string(" Hello ",sizeof(" Hello"));       //名字接收结束,发
                                                                送 Hello 字符串
            delay(1000);
            uart_tx_string(name_string,counter);      //发送名字字符串
            counter=0;
            U0CSR |=0X40;                                     //允许接收
        }
      }
    }
}
```

②编译、下载并测试程序。

③编译无错后,打开串口调试软件,设置端口、波特率为 19 200、数据为 8 位、无校验位、停止为 1 位,打开串口;下载程序,在串口调试软件接收信息窗口可以看到"What is your name?"字符串。在串口调试软件发送数据窗口输入名字,并以"#"结束,例如,小张#。单击"发送"按钮,立刻在串口调试软件接收信息窗口可以看到"Hello　小张"字符串,如图 3-27 所示。

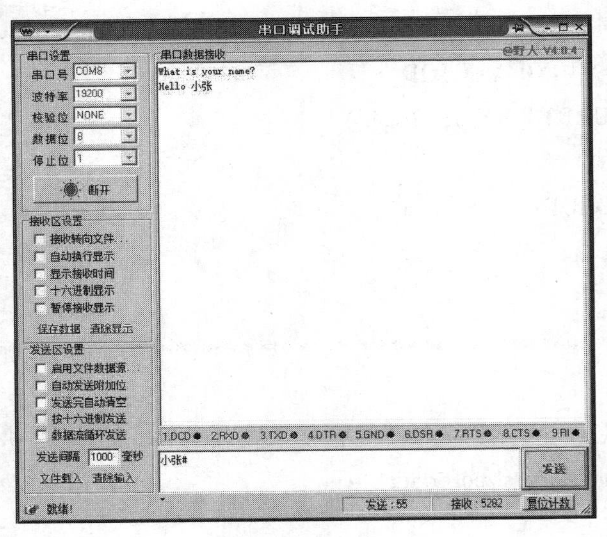

图 3-27　测试效果图

▶任务练习

采用 DMA 数据传输模式,CC2530 把存储器的数据传输到 USART,并上传至 PC。

▶任务评价

<table>
<tr><td colspan="2">班级</td><td colspan="4"></td><td colspan="2">姓名</td><td></td></tr>
<tr><td colspan="2">学习日期</td><td colspan="4"></td><td colspan="2">等级</td><td></td></tr>
<tr><td>序号</td><td>时段</td><td colspan="5">任务准备过程</td><td>分值/分</td><td>得分/分</td></tr>
<tr><td>1</td><td>课前
（10%）</td><td colspan="5">①按照 7S 标准着装规范、入场有序、工位整洁（5 分）
②准备实训平台、耗材、工具、学习资讯等（5 分）</td><td>10</td><td></td></tr>
<tr><td rowspan="2">2</td><td rowspan="7">课中
（60%）</td><td colspan="5">情感态度评价</td><td rowspan="2">10</td><td rowspan="2"></td></tr>
<tr><td colspan="5">小组学习氛围浓厚，沟通协作好，具有文明规范操作职业习惯（10 分）</td></tr>
<tr><td rowspan="5">3</td><td colspan="2">任务工作过程评价</td><td>自评</td><td>互评</td><td>师评</td><td rowspan="5">50</td><td rowspan="5"></td></tr>
<tr><td colspan="2">①硬件环境搭建正确（10 分）</td><td></td><td></td><td></td></tr>
<tr><td colspan="2">②程序编写、调试正确（20 分）</td><td></td><td></td><td></td></tr>
<tr><td colspan="2">③完成程序下载（10 分）</td><td></td><td></td><td></td></tr>
<tr><td colspan="2">④实现功能（10 分）</td><td></td><td></td><td></td></tr>
<tr><td>4</td><td>课后
（30%）</td><td colspan="2">任务练习完成情况（30 分）</td><td></td><td></td><td></td><td>30</td><td></td></tr>
<tr><td colspan="7">总分</td><td>100</td><td></td></tr>
<tr><td>备注</td><td colspan="8">A.80~100 分；B.70~79 分；C.60~69 分；D.60 分以下</td></tr>
</table>

▶任务小结

请总结本次任务过程中的优缺点，并提出改进计划，写入下表。

完成事项	优点	存在问题	改进计划
任务练习			
任务实施			
其他			

任务五　CC2530 片内温度

▶任务描述

实现片内温度传感器值的读取，并通过串口将其值上传至 PC 端口。

▶任务目标

①掌握 CC2530 单片机 A-D、D-A 转换方法；
②能进行模数转换编程。

▶任务准备

1.CC2530 的 ADC 模块

ADC 支持多达 14 位的模拟数字转换，具有多达 13 位的有效位（Effective Number of Bits，ENOB）。它包括一个模拟多路转换器（具有多达 8 个各自可配置的通道）以及一个参考电压发生器。CC2530 的 ADC 结构如图 3-28 所示。转换结果既可以通过 DMA 写入存储器，也可以直接读取 ADC 寄存器获得。

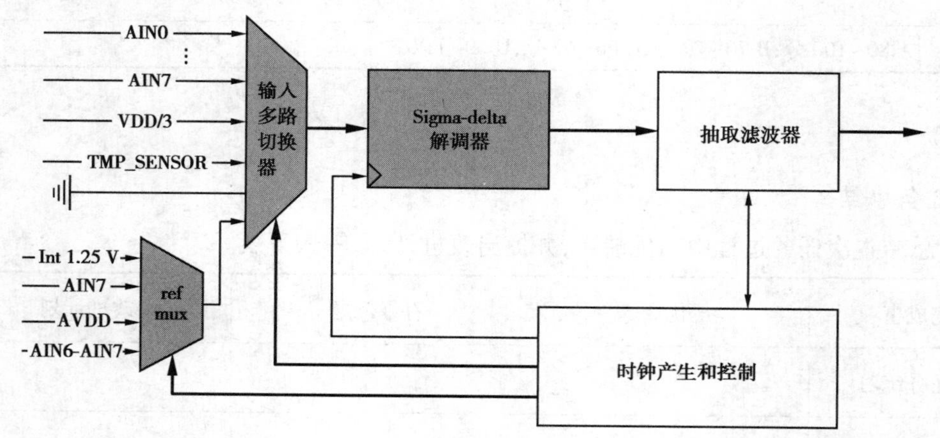

图 3-28　CC2530 的 ADC 结构

2.CC2530 中 ADC 模块相关寄存器

ADC 模块相关寄存器见表 3-17。

表 3-17　ADC 相关寄存器

ADCL(0xBA)-ADC 数据低位(ADC Data,Low)				
位	名称	复位	读/写	描述
7:2	ADC[5:0]	000000	R	ADC 转换结果的低位部分
1:0	–	00	R0	没有使用,读出来一直是 0
ADCH(0xBB)-ADC 数据高位(ADC Data,High)				
位	名称	复位	读/写	描述
7:0	ADC[13:6]	0x00	R	ADC 转换结果的高位部分
ADCCON1(0xB4)-ADC 控制 1(ADC Control 1)				
位	名称	复位	读/写	描述
7	EOC	0	R/H0	转换结束。当 ADCH 被读取的时候清除。如果读取前一数据之前,完成一个新的转换,EOC 位仍然为高 0-转换没有完成;1-转换完成
6	ST	0	R/W	开始转换。读为 1,直到转换完成 0-没有转换正在进行 1-如果 ADCCON1.STSEL=11 并且没有序列正在运行就启动一个转换序列
5:4	STSEL[1:0]	11	R/W1	启动选择。选择该事件,将启动一个新的转换序列 00-P2_0 引脚的外部触发 01-全速,不等待触发器 10-定时器 1 通道 0 比较事件 11-ADCCON1.ST=1
3:2	RCTRL[1:0]	00	R/W	控制 16 位随机数发生器。当写 01 时,当操作完成时设置将自动返回到 00 00-正常运行 01-LFSR 的时钟一次 10-保留 11-停止,关闭随机数发生器
1:0	–	11	R/W	保留。一直设为 11
ADCCON2(0xB5)-ADC 控制 2(ADC Control 2)				
位	名称	复位	读/写	描述
7:6	SREF[1:0]	00	R/W	选择参考电压用于序列转换 00-内部参考电压 01-AIN7 引脚上的外部参考电压 10-AVDD5 引脚 11-AIN6-AIN7 差分输入外部参考电压

续表

位	名称	复位	读/写	描述
5:4	SDIV[1:0]	01	R/W	为包含在转换序列内的通道设置抽取率。抽取率也决定完成转换需要的时间和分辨率 00-64 抽取率(7 位 ENOB) 01-128 抽取率(9 位 ENOB) 10-256 抽取率(11 位 ENOB)注:CC2530 手册是 10 位 11-512 抽取率(13 位 ENOB)注:CC2530 手册是 12 位
3:0	SCH[3:0]	0000	R/W	序列通道选择 0000-AIN0 0001-AIN1 0010-AIN2 0011-AIN3 0100-AIN4 0101-AIN5 0110-AIN6 0111-AIN7 1000-AIN0-AIN1 1001-AIN2-AIN3 1010-AIN4-AIN5 1011-AIN6-AIN7 1100-GND 1101-正电压参考 1110-温度传感器 1111-VDD/3
ADCCON3(0xB6)-ADC 控制 3(ADC Control 3)				
位	名称	复位	读/写	描述
7:6	EREF[1:0]	00	R/W	选择用于额外转换的参考电压 00-内部参考电压 01-AIN7 引脚上的外部参考电压 10-AVDD5 引脚 11-在 AIN6-AIN7 差分输入的外部参考电压
5:4	EDIV[1:0]	00	R/W	设置用于额外转换的抽取率。抽取率也决定了完成转换需要的时间和分辨率 00-64 抽取率(7 位 ENOB) 01-128 抽取率(9 位 ENOB) 10-256 抽取率(11 位 ENOB)(注:CC2530 手册是 10 位) 11-512 抽取率(13 位 ENOB)(注:CC2530 手册是 12 位)

续表

位	名称	复位	读/写	描述
3:0	ECH[3:0]	0000	R/W	单个通道选择。选择写 ADCCON3 触发的单个转换所在的通道号码。当单个转换完成时，该位自动清除 0000-AIN0 0001-AIN1 0010-AIN2 0011-AIN3 0100-AIN4 0101-AIN5 0110-AIN6 0111-AIN7 1000-AIN0-AIN1 1001-AIN2-AIN3 1010-AIN4-AIN5 1011-AIN6-AIN7 1100-GND 1101-正电压参考 1110-温度传感器 1111-VDD/3
APCFG(0Xf2)-模拟外设端口配置寄存器(Analog peripheral I/O comfiguration)				
位	名称	复位	读/写	描述
7:0	APCFG[7:0]	0x00	R/W	模拟外设端口配置寄存器，选择 P0_0~P0_7 作为模拟外设端口。0-GPIO;1-模拟端口

3.ADC 操作方法

(1)ADC 输入

①P0 端口引脚的信号可以用作 ADC 输入，涉及的引脚有 AIN0~AIN7。可以把这些引脚(AIN0~AIN7)配置为单端输入或差分输入。

单端输入：可以分为 AIN0~AIN7，共 8 路输入。

差分输入：可以分为 AIN0 和 ANI1、AIN2 和 ANI3、AIN4 和 ANI5、AIN6 和 ANI7 共 4 组输入，差分模式下的转换取自输入对之间的电压差，例如，若以第一组 AIN0 和 ANI1 作为输入，则实际输入电压为 AIN0 和 ANI1 这两个引脚之差。

②片上温度传感器的输出作为 ADC 输入，用于片上温度测量。

③AVDD5/3 的电压作为一个 ADC 输入。这个输入允许诸如需要在应用中实现一个电池监测器的功能。注意：在这种情况下参考电压不能取决于电源电压，比如 AVDD5 电压不能用作一个参考电压。用 16 个通道来表示 ADC 的输入，通道号码 0~7 表示单端电压输入，

由 AIN0～AIN7 组成；通道号码 8～11 表示差分输入，由 AIN0-AIN1、AIN2-AIN3、AIN4-AIN5 和 AIN6-AIN7 组成；通道号码 12～15 表示 GND(12)温度传感器(14)和 AVDD5/3(15)。这些值在 ADCCON2.SCH 和 ADCCON3.SCH 中选择。

(2) ADC 转换

①连续转换：CC2530 可以进行连续 A-D 转换，并通过 DMA 把结果写入内存，不需要 CPU 参与。实际项目中需要多少个 A-D 转换通过，就通过寄存器 APCFG 来设置，没有用到的模拟通道，在序列转换时将被跳过。但在差动输入时，两个输入引脚在 APCFG 寄存器中必须被设置为模拟输入。ADCCON2.SCH[3:0]位定 ADC 输入的转换序列。

②单次转换：除了连续转换外，ADC 可以通过编程执行单次转换。通过写入 ADCCON3 寄存器可以触发一次转换，当转换触发后立即启动转换，但如果转换序列也在进行中，则在连续序列转换完成后马上执行单次转换。

(3) ADC 转换结果

数字转换结果以二进制的补码形式表示，见表 3-18。二进制补码的特点：正数时，补码与原码一样；负数时，补码为原码取反加 1 所得。

表 3-18　二进制补码

	有符号	无符号	二进制补码							
起点	0	0	0	0	0	0	0	0	0	0
	1	1	0	0	0	0	0	0	0	1
	2	2	0	0	0	0	0	0	1	0
	…	…								
	126	126	0	1	1	1	1	1	1	0
	127	127	0	1	1	1	1	1	1	1
加 1 ↓	有符号数从下面开始变化，注意正数与负数的区别									
	−128	128	1	0	0	0	0	0	0	0
	−127	129	1	0	0	0	0	0	0	1
	…	…								
	−2	254	1	1	1	1	1	1	1	0
	−1	255	1	1	1	1	1	1	1	1
回到起点	0	0	0	0	0	0	0	0	0	0

【试一试】在 NEWLab 平台上，采用 ZigBee 模块和温度/光照传感模块，ADC 在不同的分辨率、单端、差动输入不同的条件下，测量温度/光照传感模块上的电位器(VR1)的变化电压、地电压和电源电压，并得出 CC2530 单片机 ADC 支持位数、配置方法、ADC 转换数据存储格式等。

解：①采用单端输入方式。将 ZigBee 模块和温度/光照传感模块都固定在 NEWLab 平台上,用导线把 ZigBee 模块上 ADC0 和温度/光照传感模块上的电位器分压端(J10)连接起来。由电路限制,J10 端的电压范围为 0.275~3.025 V。

②编程 ADC 测量程序。暂不进行 ADC 值换算,只要 ADC 测量的值,并将 ADC 测量的值在串口调试软件上显示。

```
#include <ioCC2530.h>
char data[ ] = "ADC 不同配置的测试! \n";
unsigned int value;
unsigned int adcvalue;
//****************************************************************
void delay(unsigned int i)
{    unsigned int j,k;
     for(k=0;k<i;k++)
     { for(j=0;j<500;j++);     }
}
//****************************************************************
void initial_AD()
{    APCFG |= 0X01;              //设置 P0.0 为模拟端口
     P0SEL |= (1 << (0));        //设置 P0.0 为外设功能
     P0DIR |= ~(1 << (0));       //设置 P0.0 为输入方向
     ADCCON3 = 0xB0;       //13 位分辨率,选择 AIN0 通道,参考电压 3.3 V,启动转换
// ADCCON3 =   0xA0;       //11 位分辨率,选择 AIN0 通道,参考电压 3.3 V,启动转换
// ADCCON3 =   0x90;       //9 位分辨率,选择 AIN0 通道,参考电压 3.3 V,启动转换
//ADCCON3 =   0x80;        //7 位分辨率,选择 AIN0 通道,参考电压 3.3 V,启动转换
}
//****************************************************************
void initial_usart()
{    CLKCONCMD &= ~0X7F;                    //晶振设置为 32 MHz
     while(CLKCONSTA & 0X40);                //等待晶振稳定
     CLKCONCMD &= ~0X47;               //设置系统主时钟频率为 32 MHz
     PERCFG = 0X00;         //USART0 使用备用位置 1 TX-P0.3 RX-P0.2
     P0SEL |=0X3C;        //P0.2 P0.3 P0.4 P0.5 用于外设功能
     P2DIR &= ~0xC0;      //P0 优先作为 UART 方式
     U0CSR |= 0XC0;              //UART 模式 允许接收
     U0GCR = 9;
     U0BAUD = 59;                      //波特率设为 19 200
}
```

```
//**************************************************************************
void uart_tx_string(char *data_tx,int len)      //串口发送函数
{   unsigned int j;
    for(j=0;j<len;j++)
    {   U0DBUF = *data_tx++;
        while(UTX0IF == 0);
        UTX0IF = 0;
    }
}
//**************************************************************************
void main(void)
{   initial_usart();          //调用 UART 初始化函数
    initial_AD();             //调用 AD 初始化函数
    uart_tx_string(data,sizeof(data));        //发送串口数据
    while(1)
    {   while(!(ADCCON1&0X80));                  //等待 AD 转换完成
        adcvalue = (unsigned int)ADCL;          //读取 ADC 的低位
    adcvalue |= (unsigned int)(ADCH << 8);      //ADC 高低和低位合并
    value = adcvalue >> 2;                 //13 位分辨率,ADC 转换结果右对齐
//value = adcvalue >> 4;               //11 位分辨率,ADC 转换结果右对齐
// value = adcvalue >> 6;              //9 位分辨率,ADC 转换结果右对齐
// value = adcvalue >> 8;              //7 位分辨率,ADC 转换结果右对齐
          data[0] = value/10000 + 0x30;
          data[1] = (value%10000)/1000 + 0x30;
          data[2] = ((value%10000)%1000)/100 + 0x30;
          data[3] = (((value%10000)%1000)%100)/10 + 0x30;
          data[4] = value%10 + 0x30;
          data[5] = '\n';
          delay(5000);
          uart_tx_string(data,6);  //调用串口发送函数
          ADCCON3 = 0xB0;                  //若没有此行代码,只转换 1 次
// ADCCON3 =  0xA0;              //11 位分辨率,选择 AIN0 通道,参考电压 3.3 V,重
                                   新启动转换
// ADCCON3 =  0x90;              //9 位分辨率,选择 AIN0 通道,参考电压 3.3 V,重
                                   新启动转换
//ADCCON3 =  0x80;             //7 位分辨率,选择 AIN0 通道,参考电压 3.3 V,重新
```

```
                    启动转换
        }
    }
```

③编译、下载程序,测试程序功能。

ADC 的 4 组配置是:第 15、48、60 行,第 16、49、61 行,第 17、50、62 行,第 18、51、63 行,在程序中有仅只有 1 组有效,其他 3 组必须注释掉,测试结果见表 3-19。

表 3-19　不同配置的测试结果

输入电压	ADCCON3＝0xB0 adcvalue>>2	ADCCON3＝0xA0 adcvalue>>4	ADCCON3＝0x90 adcvalue>>6	ADCCON3＝0x80 adcvalue>>8
3.3 V(电源)	8191(0x1FFF)	2047(0x7FF)	511(0x1FF)	127(0x7F)
0 V(地)	16380 (0x3FFB),-5	4092 (0xFFC),-4	1023 (0x3FF),-1	255 (0xFF),-1
1.25 V(电位器)	3068(0xBFC)	774(0x305)	193(0xC1)	48(0x30)
0.27 V(电位器)	648(0x288)	162(0xA2)	40(0x28)	10(0x10)

▶任务实施

1.搭建系统,分析 CC2530 片内温度的计算方法

将 ZigBee 模块固定在 NEWLab 平台上,用串口线把计算机与平台相连。CC2530 片内温度的计算公式为 T=(输出电压[mV]-743[mV])/2.45[mV/℃]

2.新建工程,编写、分析、调试程序

①编写程序,程序代码如下。

```
#include <ioCC2530.h>
char data[]="测试 CC2530 片内温度传感器! \n";
char name_string[20];
//unsigned char temp,RX_flag,counter=0;
unsigned int adcvalue;
float temper;
**************************************************************************
void delay(unsigned int i)
{    unsigned int j,k;
     for(k=0;k<i;k++)
     {  for(j=0;j<500;j++);
     }
}
**************************************************************************
```

```
void initial_usart()
{    CLKCONCMD &= ~0X7F;                    //晶振设置为 32 MHz
     while(CLKCONSTA & 0X40);               //等待晶振稳定
     CLKCONCMD &= ~0X47;                    //设置系统主时钟频率为 32 MHz
     PERCFG = 0X00;                         //USART0 使用备用位置 1 TX-P0.3 RX-P0.2
     P0SEL |=0X3C;                          //P0.2 P0.3 P0.4 P0.5 用于外设功能
     P2DIR &= ~0xC0;                        //P0 优先作为 UART 方式
     U0CSR |= 0XC0;                         //UART 模式 允许接收
     U0GCR = 9;
     U0BAUD = 59;                           //波特率设为 19 200
     URX0IF = 0;                            //UART0 TX 中断标志位清零
//     IEN0 = 0X84;                         //接收中断使能 总中断使能
}
*********************************************************************************
void uart_tx_string(char * data_tx,int len)
{    unsigned int j;
     for(j=0;j<len;j++)
     {     U0DBUF = * data_tx++;
         while(UTX0IF == 0);
         UTX0IF = 0;
     }
}
*********************************************************************************
//#pragma vector = URX0_VECTOR
//__interrupt void UART0_RX_ISR(void)
//{    URX0IF = 0;
//     temp = U0DBUF;
//     RX_flag=1;
//}
*********************************************************************************
void main(void)
{    initial_usart();                                  //调用 UART 初始化函数
     uart_tx_string(data,sizeof(data));                //发送 What is your name?
     while(1)
     {
```

```
        ADCCON3 |= 0x3E;                            //内部 1.25 V 为参考电压,13 位分辨
                                                      率,AD 源为片内温度
        while(!(ADCCON1&0X80));                     //等待 AD 转换完成
        adcvalue = (unsigned int)ADCL;
        adcvalue |= (unsigned int)(ADCH << 8);
        adcvalue = adcvalue >> 2;
        temper = adcvalue * 0.06229-303.3 - 35;
        data[0] = (unsigned char)(temper)/10 + 48;  //十位
        data[1] = (unsigned char)(temper)%10 + 48;  //个位
        data[2] = '.';                              //小数点
        data[3] = (unsigned char)(temper * 10)%10+48;   //十分位
        data[4] = (unsigned char)(temper * 100)%10+48;  //百分位
        uart_tx_string(data,5);                     //在 PC 上显示温度值和℃符号
        uart_tx_string("℃\n",3);
        delay(10000);                               //延时
    }
}
```

②下载程序,在串口上可看到,每隔一定时间,显示一次温度值,如图 3-29 所示。

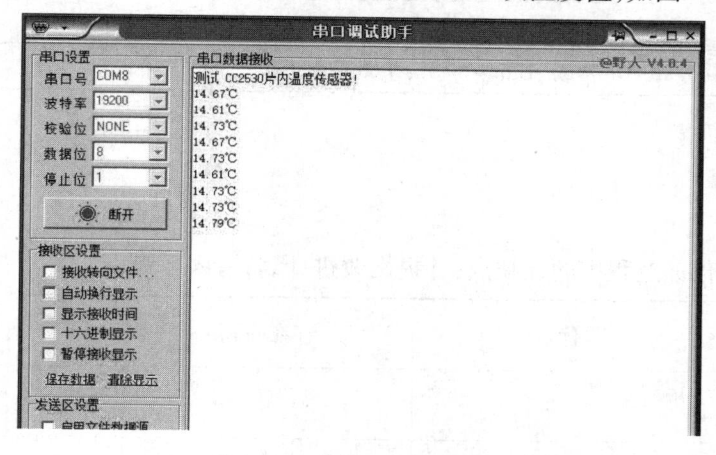

图 3-29　片内温度测量效果

▶任务练习

采用气体模块、ZigBee 模块以及 NEWLab 平台组成一套测量系统,在串口调试窗口实时显示气体电压值。

▶任务评价

<table>
<tr><td colspan="2">班级</td><td colspan="2"></td><td colspan="2">姓名</td><td colspan="2"></td></tr>
<tr><td colspan="2">学习日期</td><td colspan="2"></td><td colspan="2">等级</td><td colspan="2"></td></tr>
<tr><td>序号</td><td>时段</td><td colspan="4">任务准备过程</td><td>分值/分</td><td>得分/分</td></tr>
<tr><td>1</td><td>课前（10%）</td><td colspan="4">①按照7S标准着装规范、入场有序、工位整洁（5分）
②准备实训平台、耗材、工具、学习资讯等（5分）</td><td>10</td><td></td></tr>
<tr><td rowspan="2">2</td><td rowspan="7">课中（60%）</td><td colspan="4">情感态度评价</td><td rowspan="2">10</td><td rowspan="2"></td></tr>
<tr><td colspan="4">小组学习氛围浓厚，沟通协作好，具有文明规范操作职业习惯（10分）</td></tr>
<tr><td rowspan="5">3</td><td>任务工作过程评价</td><td>自评</td><td>互评</td><td>师评</td><td rowspan="5">50</td><td rowspan="5"></td></tr>
<tr><td>①硬件环境搭建正确（10分）</td><td></td><td></td><td></td></tr>
<tr><td>②程序编写、调试正确（20分）</td><td></td><td></td><td></td></tr>
<tr><td>③完成程序下载（10分）</td><td></td><td></td><td></td></tr>
<tr><td>④实现功能（10分）</td><td></td><td></td><td></td></tr>
<tr><td>4</td><td>课后（30%）</td><td>任务练习完成情况（30分）</td><td></td><td></td><td></td><td>30</td><td></td></tr>
<tr><td colspan="6">总分</td><td>100</td><td></td></tr>
<tr><td>备注</td><td colspan="7">A.80~100分；B.70~79分；C.60~69分；D.60分以下</td></tr>
</table>

▶任务小结

请总结本次任务过程中的优缺点，并提出改进计划，写入下表。

完成事项	优点	存在问题	改进计划
任务练习			
任务实施			
其他			

任务六　NB-IoT 技术应用

▶任务描述

使用 NB-IoT 模块制作本“智能路灯”，需使用 AT 指令调试 NB-IoT 模块、烧写“智能路灯程序”，并将 NB-IoT 模块采集到的光照数据传输至物联网平台。

▶任务目标

①掌握 AT 指令集；
②掌握 Flash Programmer 代码烧写工具的使用方法；
③掌握在物联网平台上创建 NB-IoT 项目并进行数据显示的方法；
④会使用 AT 指令对 NB-IoT 模块进行状态查询、信号强度查询等；
⑤会使用 NB-IoT 模块进行数据传输；
⑥会使用物联网云平台创建 NB-IoT 项目进行数据显示。

▶任务准备

1.NB-IoT 技术简介

NB-IoT 窄带物联网（Narrow Band Internet of Things）是一种全新的蜂窝物联网技术，是 3GPP 组织定义的可在全球范围内广泛部署的低功耗广域网，基于授权频谱的运营，可以支持大量的低吞吐率、超低成本设备连接，并且具有低功耗、优化的网络架构等独特优势。3GPP（3rd Generation Partnership Project，第三代合作伙伴计划）是一个成立于 1998 年 12 月的标准化组织，旨在研究制定并推广基于演进的 GSM 核心网络的 3G 标准，即 WCDMA，TD-SCDMA，EDGE 等，目前其指定技术标准范已经延到 5G。其成员包括：日本无线工业及商贸联合会（ARIB）、中国通信标准化协会（CCSA）、美国电信行业解决方案联盟（ATIS）、日本电信技术委员会（TTC）、欧洲电信标准协会（ETSI）、印度电信标准开发协会（TSDSI）、韩国电信技术协会（TTA）。3GPP 制定的标准规范以 Release 作为版本管理。

目前 3GPP 共有 3 个技术规格组：无线接入组（RAN），业务和系统结构组（SA），核心网和终端组（CT）。其中 NB-IoT 标准化工作是在无线接入组下进行的（2015 年 8 月前是在 GSM EDGE RAN 组（GERAN）），后来该规格组撤销合并至 RAN 组。

（1）LPWAN 与 NB-IoT

物联网通信技术有很多种，从传输距离上区分，可以简化分为两类：一类是短距离无线通信技术，代表技术有 ZigBee、Wi-Fi、Bluetooth、Z-wave 等，目前非常成熟并有各自应用的领域；另一类是长距离无线通信技术，宽带广域网例如电信 CDMA、移动、联通的 3G/4G 无线蜂窝通信和低功耗广域网即 LPWAN。

LPWAN(Low Power Wide Area Network)是低功耗广域网的简称,用于物联网低速率远距离的通信。LPWAN 技术覆盖范围广、终端节点功耗低、网络结构简单、运营维护成本低,虽然 LPWAN 的数据传送速率较低,但是已经可以满足如智能抄表、智能停车、共享单车等小数据量定期上报的应用场景。

目前主流的 LPWAN 技术又可分为两类:一类是工作在非授权频段的技术,如 LoRa、Sigfox 等,这类技术大多是非标、自定义实现。LoRa 技术标准由美国 Semtech 研发,并在全球范围内成立了广泛的 LoRa 联盟。Sigfox 技术标准由法国 Sigfox 研发,其使用的非授权频段与国内授权频段冲突,目前还没获取到国内频段。另一类是工作在授权频段的技术,如 NB-IoT、eMTC 等。工作在授权频段还有成熟的 2G/3G/4G 蜂窝通信技术,以及 LTE(Long Term Evolution,长期演进)技术。LTE 是 3G 的演进,是 3G 与 4G 技术之间的一个过渡,是 3.9G 的全球标准,LTE 技术主要存在 TDD(Time Division Duplexing)时分双工和 FDD(Frequency Division Duplexing)频分双工两种主流模式。

NB-IoT 是 2015 年 9 月在 3GPP 标准组织中立项提出的一种新的工作在授权频段的 LPWAN 技术。NB-IoT 构建于蜂窝网络,只消耗大约 180 kHz 的带宽,可直接部署于 GSM 网络(Global System for Mobile Communications,全球移动通信系统)、UMTS 网络(Universal Mobile Telecommunications System,通用移动通信系统)或 LTE 网络,以降低部署成本、实现平滑升级,以降低传输速率和提高传输延迟为代价,实现了覆盖增强、低功耗和低成本。NB-IoT 仅支持 FDD 半双工模式,上行和下行的频率是分开的,物联网终端设备不会同时接收和发送数据。

eMTC 是 2016 年 3 月 3GPP 接纳的工作在授权频段的 LPWAN 技术,eMTC 基于 LTE 演进的物联网接入技术,支持 TDD 半双工和 FDD 半双工模式,使用授权频谱,可以基于现有 LTE 网络直接升级部署,低成本、快速部署的优势可以助力运营商快速抢占物联网市场先机。eMTC 除了具备 LPWAN 基本能力外,eMTC 还具有四大差异化能力。一是速率高,eMTC 支持上下行最大 1 MB/s 的峰值速率,远远超过当前 GPRS、ZigBee 等主流物联技术的速率,eMTC 更高的速率可以支撑更丰富的物联应用,如低速视频、语音等。二是移动性,eMTC 支持连接态的移动性,物联网用户可以无缝切换,保障用户体验。三是可定位,基于 TDD 的 eMTC 可以利用基站侧的 PRS 测量,在无须新增 GPS 芯片的情况下就可进行位置定位,低成本的定位技术更有利于 eMTC 在物流跟踪、货物跟踪等场景的普及。四是支持语音,eMTC 从 LTE 协议演进而来,可以支持 VoLTE 语音,未来可被广泛应用到可穿戴设备中。

所以,在具体的应用方向上,如果对语音、移动性、速率等有较高要求,可选择 eMTC 技术。相反,如果对这些方面要求不高,而对成本、覆盖等有更高要求,则可选择 NB-IoT。从以上分析可以看出,工作在授权频段的 NB-IoT 是在现有蜂窝通信的基础上为低功耗物联网接入所做的改进,由移动通信运营商以及其背后的设备商所推动,而工作在非授权频段的 LoRa 则可以看作是 ZigBee 技术的通信覆盖距离进行扩展以适应广域连接的要求。NB-IoT、eMTC 与 LoRa 技术参数对比见表 3-20。

表 3-20　NB-IoT、eMTC 与 LoRa 技术参数对比

技术标准	组织	频段	频宽	传输距离	速率	连接数量	终端电池	组网
NB-IoT	3GPP	1 GHz 以下授权运营商频段	200 kHz	市区:1~8 km 郊区:25 km	上行:14.7~48 kB/s 下行:~150 kB/s	5 万	10 年	LTE 软件升级

NB-IoT 使用的频段号见表 3-21。

表 3-21　NB-IoT 使用的频段号

频段号 Band	上行频率范围/MHz	下行频率范围/MHz
Band 01	1 920~1 980	2 110~2 170
Band 02	1 850~1 910	1 930~1 990
Band 03	1 710~1 785	1 805~1 880
Band 05	824~849	869~894
Band 08	880~915	925~960
Band 12	699~716	729~746
Band 13	777~787	746~756
Band 17	704~716	734~746
Band 18	815~830	860~875
Band 19	830~845	875~890
Band 20	832~862	791~821
Band 26	814~849	859~894
Band 28	703~748	758~803
Band 66	1 710~1 780	2 110~2 200

(2)NB-IoT 网络体系架构

NB-IoT 网络体系架构如图 3-30 所示。

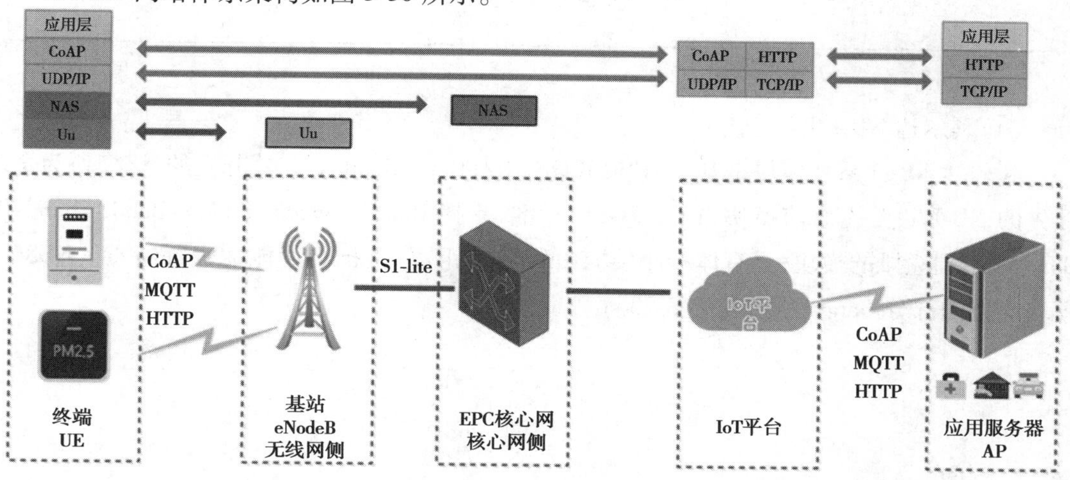

图 3-30　NB-IoT 网络体系架构

• NB-IoT 终端 UE(User Equipment):应用层采用 CoAP 协议,通过空口 Uu 连接到基站。Uu 口是终端 UE 与 eNodeB 基站之间的接口,可支持 1.4 MHz 至 20 MHz 的可变带宽。

• eNodeB(evolved Node B,E-UTRAN 基站):主要承担空口接入处理,小区管理等相关功能,并通过 S1-lite 接口与 IoT 核心网进行连接,将非接入层数据转发给高层网元处理。

• EPC 核心网(Evolved Packet Core Network):承担与终端非接入层交互的功能,并将 IoT 业务相关数据转发到 IoT 平台进行处理。同理,这里可以 NB 独立组网,也可以与 LTE 共用核心网。

• IoT 平台:汇聚从各种接入网得到的 IoT 数据,并根据不同类型转发至相应的业务应用器进行处理。

• 应用服务器 AP(App Server):IoT 数据的最终汇聚点,根据客户的需求进行数据处理等操作。应用服务器通过 HTTP/HTTPs 协议和平台通信,通过调用平台的开放 API 来控制设备,平台把设备上报的数据推送给应用服务器。

终端 UE 与物联网云平台之间一般使用 CoAP 等物联网专用的应用层协议进行通信,主要考虑 UE 的硬件资源配置一般很低,不适合使用 HTTP/HTTPs 等复杂协议。

物联网云平台与第三方应用服务器 AP 之间,由于两者的性能都很强大,要考虑代管、安全等因素,因此一般会使用 HTTP/HTTPs 应用层协议。

(3)NB-IoT 关键技术

基于蜂窝通信技术的 NB-IoT 具备以下四大特点,见表 3-22。

表 3-22　NB-IoT 四大特点

特点	深覆盖	低功耗	大连接	低成本
具体内容	①20db 增益; ②窄带功率谱密度提升; ③重传次数; ④编码增益	①10 年电池寿命; ②简化协议,芯片功耗低; ③功放效率高; ④发射、接收时间短	在理想情况下,每个扇区可连接约 5 万台设备	①芯片成本低; ②简化射频硬件; ③简化协议降低成本; ④减小基带复杂度

(4)利尔达 NB-IoT 模组介绍

利尔达 NB86 系列模块是基于 HISILICON Hi2110 的 Boudica 芯片开发的,该模块为全球领先的 NB-IoT 无线通信模块,符合 3GPP 标准,支持 Band1、Band3、Band5、Band8、Band20、Band28 不同频段的模块,具有体积小、功耗低、传输距离远、抗干扰能力强等特点。NB86-G 模块支持的部分 Band 说明,见表 3-23。

表 3-23　NB86-G 模块支持的 Band 说明

频段 Band	上行频段 Ualink(UL) Band/MHz	下行频段 Downlink(DL) Band/MHz	网络制式 Duplex Mode
Band 01	1 920~1 980	2 110~2 170	H-FFD
Band 03	1 710~1 785	1 805~1 880	H-FFD
Band 05	824~849	869~894	H-FFD
Band 08	880~915	925~960	H-FFD
Band 20	832~862	791~821	H-FFD
Band 28 *	703~748	758~803	H-FFD

①NB86-G 系列模块主要特性

NB86-G 系列模块主要特性，见表 3-24。

表 3-24　NB86-G 系列模块主要特性

主要特性	特性说明
模块封装	LCC and Stamp hole package
超小规模尺寸	20 mm×16 mm×2.2 mm (L×W×H)，重量 1.3 g
超低功耗	≤3 μA
工作电压	VBAT 3.1 V~4.2 V(Tye:3.6 V)，VDD_IO(Tye:3.0 V)
发射功率	23 dBm±2 dB(Max)，最大链路预算较 GPRS 或 LTE 下提升 20 dB，最大耦合损耗 MCL 为 164 dBm
接口	提供 2 路 UART 接口、1 路 SIM/USIM 卡通信接口、1 个复位引脚、1 路 ADC 接口、1 个天线接口(特性阻抗 50 Ω)
支持协议	支持 3GPP Rel.13/14 NB-IoT 无线电通信接口和协议
网络协议栈	内嵌 Ipv4、UDP、CoAP、LwM2M 等网络协议栈
符合标准	所有器件符合 EU RoHS 标准

②NB86-G 模块引脚描述

NB-IoT 模块共有 42 个 SMT 焊盘引脚，引脚图如图 3-31 所示。

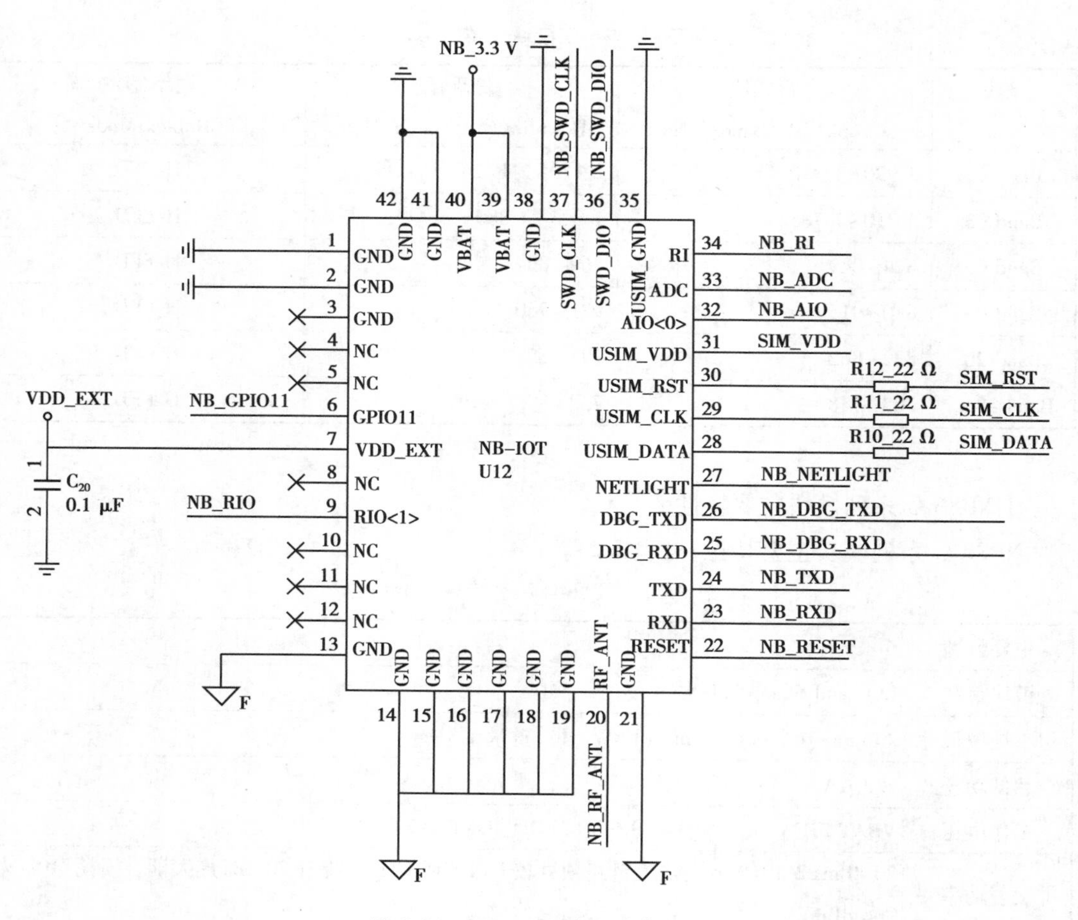

图 3-31　NB-86G 模块引脚图

③NB86-G 模块工作模式及特点(表 3-25)。

表 3-25　NB86-G 模块工作模式及特点

工作模式	特点
连接态	此状态下可以发送和接收数据,模块注册入网后即处于该状态。无数据交互超过一段时间,不活动定时器计数时间到后会进入 Idle 模式,时间是由核心网确定的,范围为 1~3 600 s
空闲态	此状态下可接收下行数据,无数据交互超过一段时间会进入 PSM 模式。时间由核心网配置,由激活定时器(Active timer)T3324 来控制,范围为 0~11 160 s
节能模式	此状态下终端处于休眠模式,近乎关机状态,功耗非常低。在 PSM 期间,终端不再监听寻呼,但终端还是注册在网络中,但信令不可达,无法收到下行数据,功率很小。该状态持续的时间由核心网配置,TAU(扩展)定时器 T3412 来控制,范围最大 320 h,默认为 54 m

2.认识 AT 命令集

AT 命令集是一种应用于 AT 服务器(AT Server)与 AT 客户端(AT Client)间的设备连接

与数据通信的方式。最早是由发明拨号调制解调器(MODEM)的贺氏公司(Hayes)为了控制 Modem 而发明的控制协议。后来主要的移动电话生产厂家共同为 GSM 研制了一整套 AT 命令,用于控制手机的 GSM 模块。AT 命令在此基础上演化并加入 GSM 07.05 标准以及后来的 GSM 07.07 标准,实现比较健全的标准化。在随后的 GPRS 控制、3G 模块等方面,均采用 AT 命令来控制。AT 命令逐渐在产品开发中成为实际的标准。如今,AT 命令也广泛地应用于账人式开发领域,AT 命令作为主芯片和通信模块的协议接口,硬件接口一般为串口,这样主控设备可以通过简单的命令和硬件设计完成多种操作。

(1)AT 命令执行过程

AT 命令执行过程如图 3-32 所示。

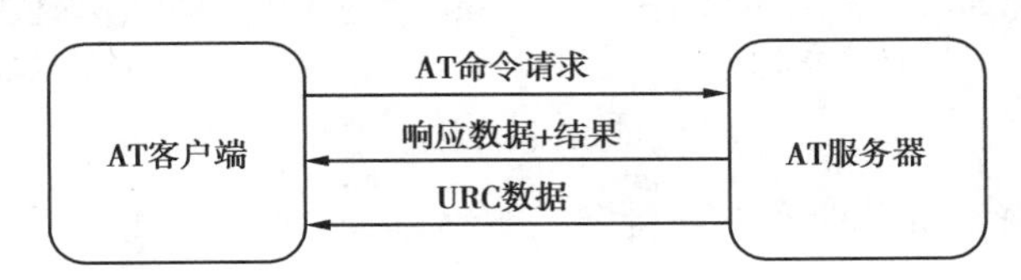

图 3-32　AT 命令执行过程

(2)AT 命令框架

①一般 AT 命令由三个部分组成,分别是前缀、主体和结束符。其中前缀由字符 AT 构成;主体由命令、参数和可能用到的数据组成;结束符一般为<CR><LF>("\r\n")。

②AT 功能的实现需要 AT Server 和 AT Client 两个部分共同完成。

③AT Server 主要用于接收 AT Client 发送的命令,判断接收的命令及参数格式,并下发对应的响应数据,或者主动下发数据。

④AT Client 主要用于发送命令、等待 AT Server 响应,并对 AT Server 响应数据或主动发送的数据进行解析处理,获取相关信息。

⑤AT Server 和 AT Client 之间支持多种数据通信的方式(UART、SPI 等),目前最常用的是串口 UART 通信方式。

⑥AT Server 向 AT Client 发送的数据分成两种:响应数据和 URC 数据。

响应数据	AT Client 发送命令之后收到的 AT Server 响应状态和信息
URC 数据	AT Server 主动发送给 AT Client 的数据,一般出现在一些特殊的情况,比如 Wi-Fi 连接断开、TCP 接收数据等,这些情况往往需要用户做出相应操作

▶任务实施

1.使用 AT 指令调试 NB-IoT 模块

①认识硬件器件,如图 3-33 所示。

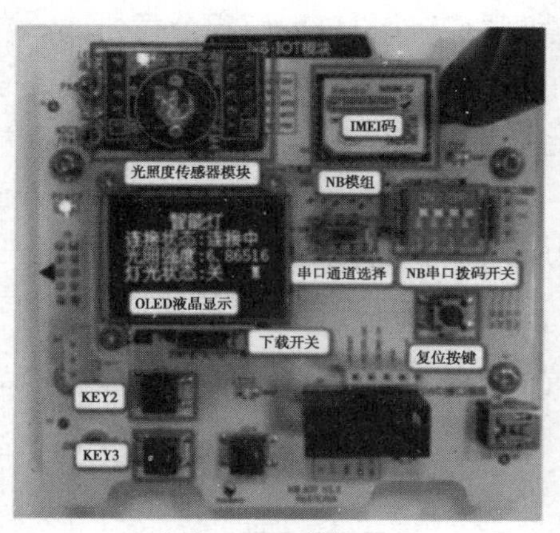

（a）NB-IoT模块正面

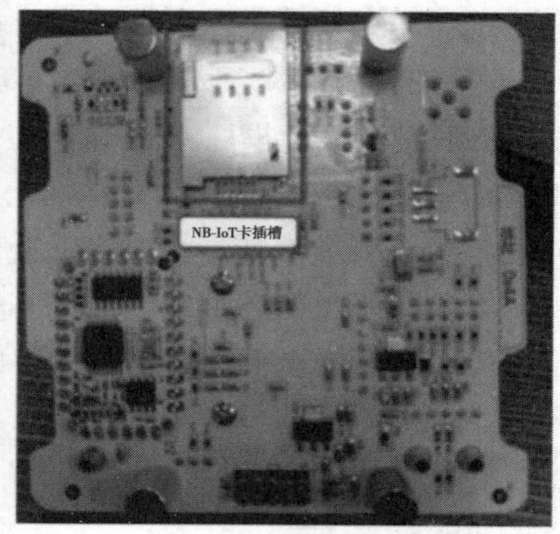

（b）NB-IoT模块反面

图 3-33　NB-IoT 模块正反面

②查看串口号，在设备管理器中查看对应的串口号，如图 3-34 所示。

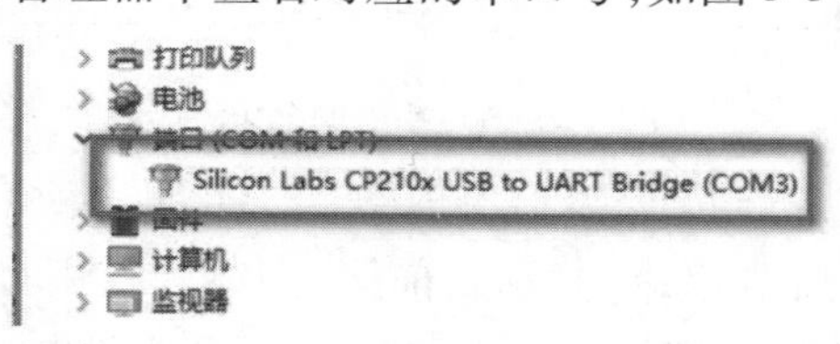

图 3-34　在设备管理器中查看串口号

③搭建硬件环境。具体操作步骤见表 3-26。

表 3-26　操作步骤

操作步骤	操作方法
第一步	把 NB-IoT 模块按图 3-35 方向放置于 NEWLab 平台上
第二步	按照标注①连接串口线，按照标注②连接电源线
第三步	按照标注③开关旋钮旋至通信模式
第四步	按照标注④把拨码开关 1、2 向下方向拨，拨码开关 3、4 向上方向拨
第五步	按照标注⑤把开关拨向右方向丝印 NB 模块串口设置处
第六步	按照标注⑥把开关拨向左方向启动处

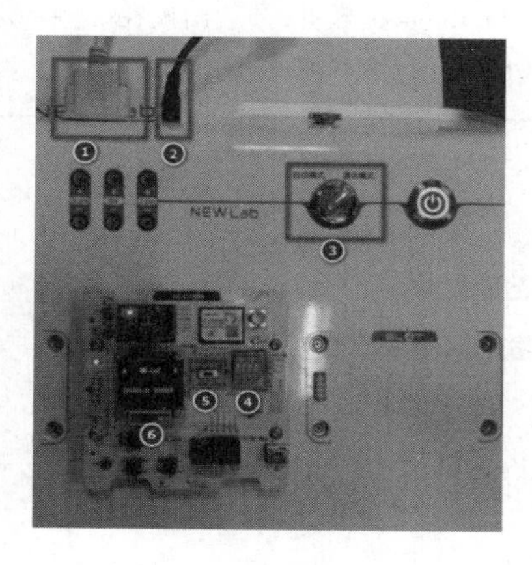

图 3-35　硬件环境搭建

④设置串口助手参数。设置串口助手:波特率为 9 600,校验位为 NONE,数据位为 8,停止位为 1,如图 3-36 所示。

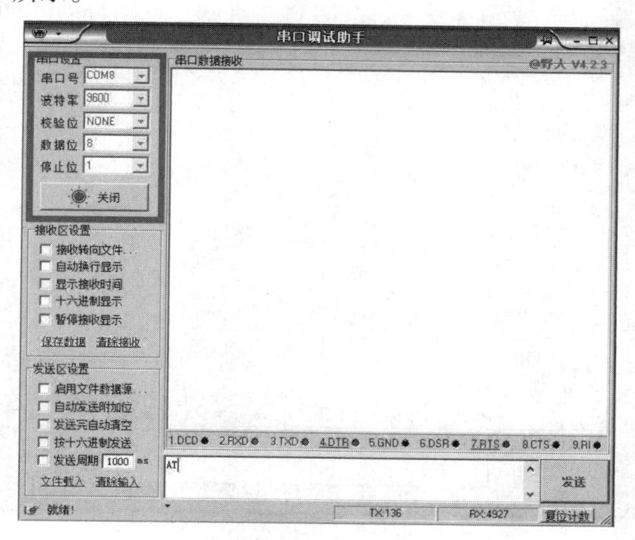

图 3-36　设置串口助手

⑤测试 NB 模块是否可用。发送“AT”,返回数据位“OK”,则表示可用,如图 3-37 所示。

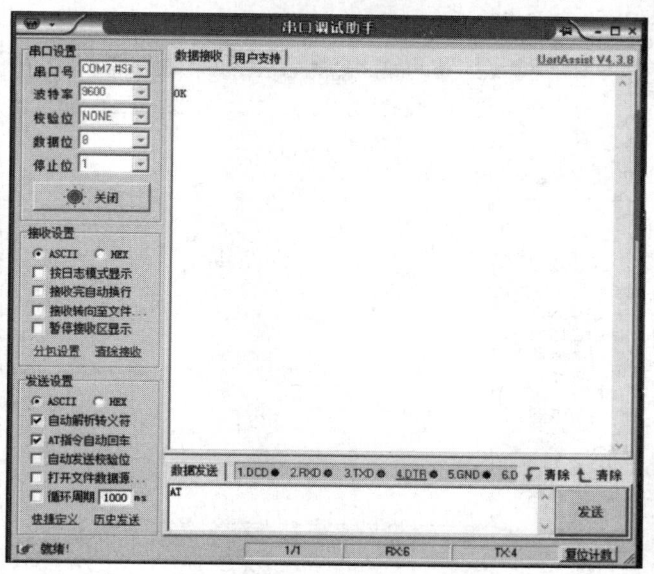

图 3-37　测试 NB 模块是否可用

⑥查询 IMSI 号(设备标识)。

a.发送“AT+IMSI”,如图 3-38 所示。

b.若返回结果为 IMSI 号和“OK”,则表示查询成功,若返回结果为“ERROR”,则表示查询失败。(注:一定要插入有效的 SIM 卡)

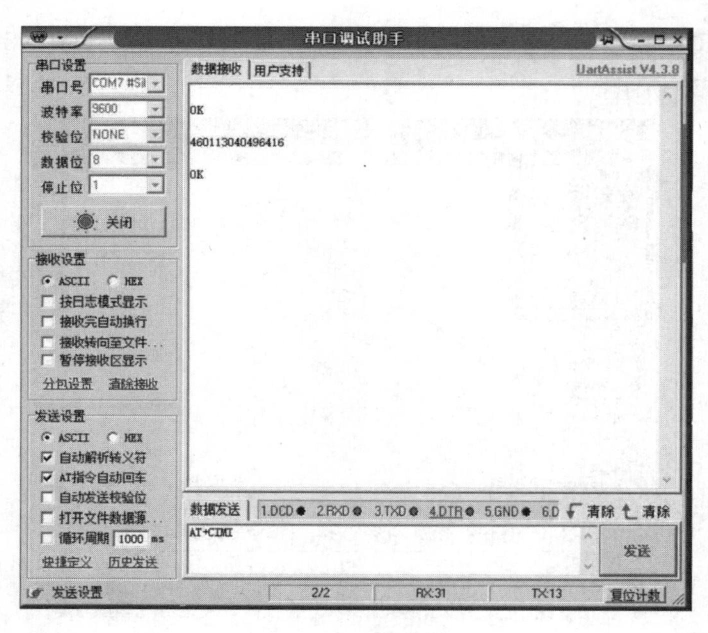

图 3-38　查询 IMSI 号

⑦查询当前信号质量 CSQ。

a.发送“AT+CSQ”,如图 3-39 所示。

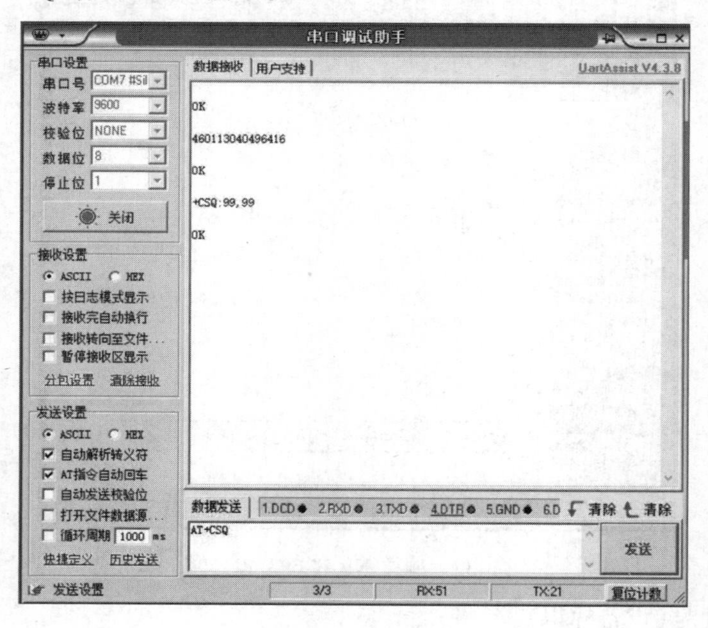

图 3-39　查询当前信号质量 CSQ

b.返回结果说明:前一个数字表示信号质量,应为 0-31,若为 99 则说明没有获取到信号,需要根据不同的地点等待 1~60 s,如果超过这个时间仍然返回是+CSQ:99,99,就需要检查一下 SIM 卡。

⑧查询当前模组网络注册连接状态 CEREG。

a.发送“AT+CEREG?”,如图 3-40 所示。

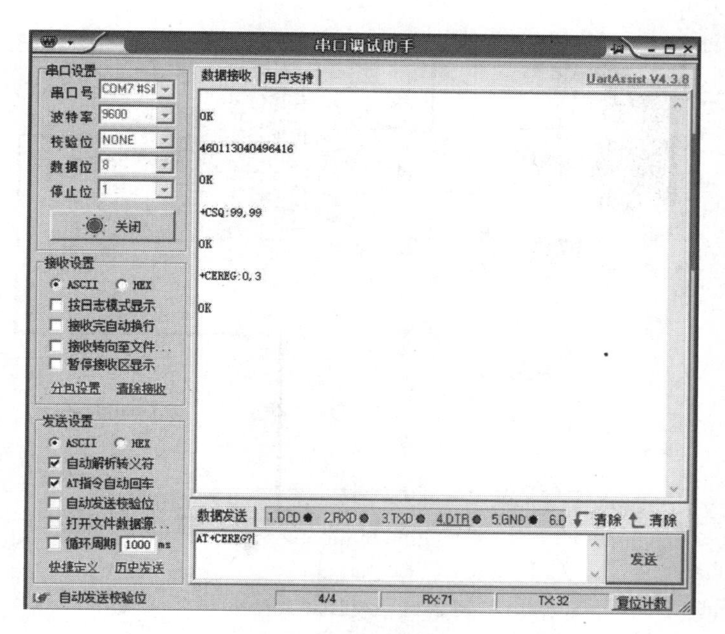

图 3-40　查询当前模组网络注册连接状态 CEREG

b.返回结果 1:+CEREG:0,0。

c.返回结果 2:+CEREG:0,1。

d.返回结果 3:+CEREG:0,2。

e.返回值说明:前面一个 0,是功能码,如果设置为 0,表示请求的时候才会返回+CEREG 这个结果,若设为 1,表示一旦网络状态发生改变,会自动下发 URC 数据。后面的数据可以取值为“0,1,2”,若为 0,表示网络还未注册,依旧在搜索信号,一般刚开机的时候,发送请求会返回为 0;若为 1,表示网络已经注册成功了,可以正常使用了;若为 2,表示再次尝试入网,这个时候就说明网络质量不好或者线路并不是很流畅,模组在尝试入网。如果一直为 2,建议重启模组或重启射频 CFUN,直至返回结果为+CERGE:0,1。后面的数据还可以取值为 3、4、5 等,可以自行查询其仪表的意义。

⑨其他指令,见表 3-27。

表 3-27　其他指令

其他指令名称	作用
AT+CGMI	查询制造商
AT+CGMM	查询模块型号
AT+CGMR	查询固件版本
AT+CGSN=1	查询模块序列号
AT+CCLK?	查看时间,返回的时间加 8 小时为现在的时间

2.烧写“智能路灯”程序

①搭建硬件平台,如图 3-41 所示。

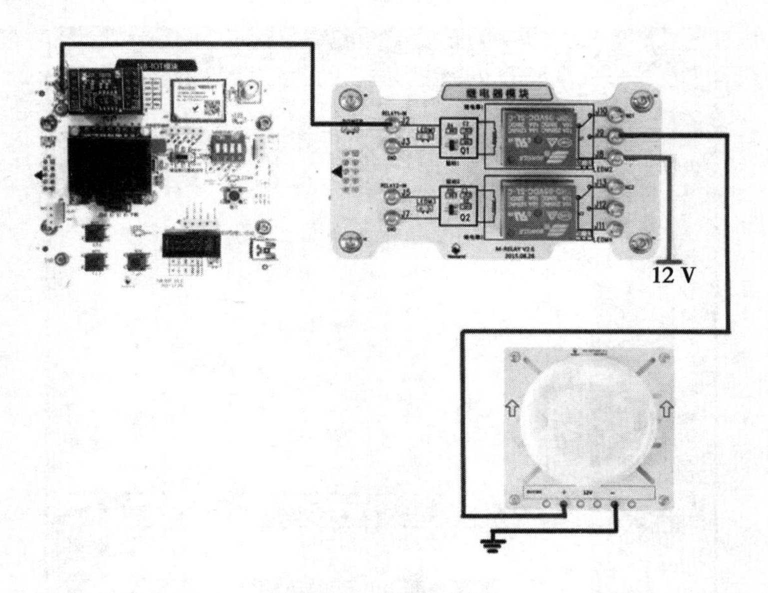

图 3-41　硬件接线图

②查看串口号,如图 3-42 所示。

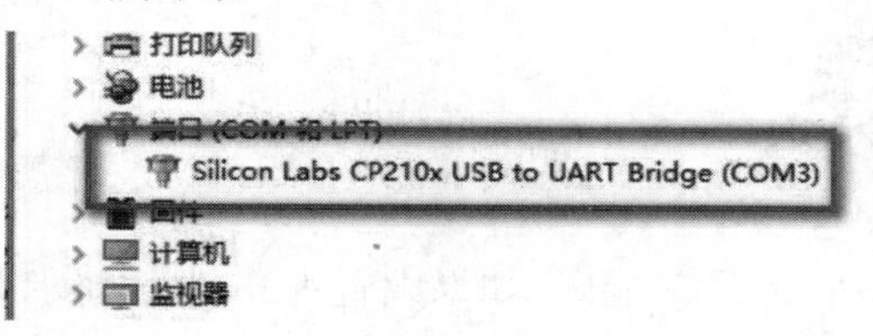

图 3-42　查看串口号

③烧写程序。确认图 3-35⑥处开关拨到下载处,且按了复位按键。

a.如图 3-43 所示,打开 Flash Loarder Demonstrator 软件,在 Port Name 下拉列表框中选择对应串口,单击“Next”按钮。

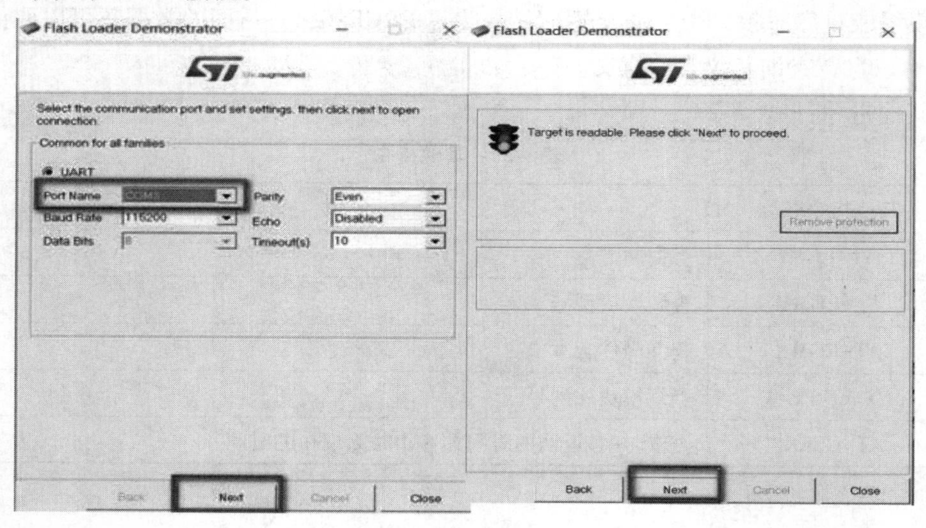

图 3-43　Flash Loarder Demonstrator 串口设置

b.如图 3-44 所示，选择 MCU 型号及下载 hex 文件，单击“Next”按钮，下载成功后的界面如图 3-45 所示。

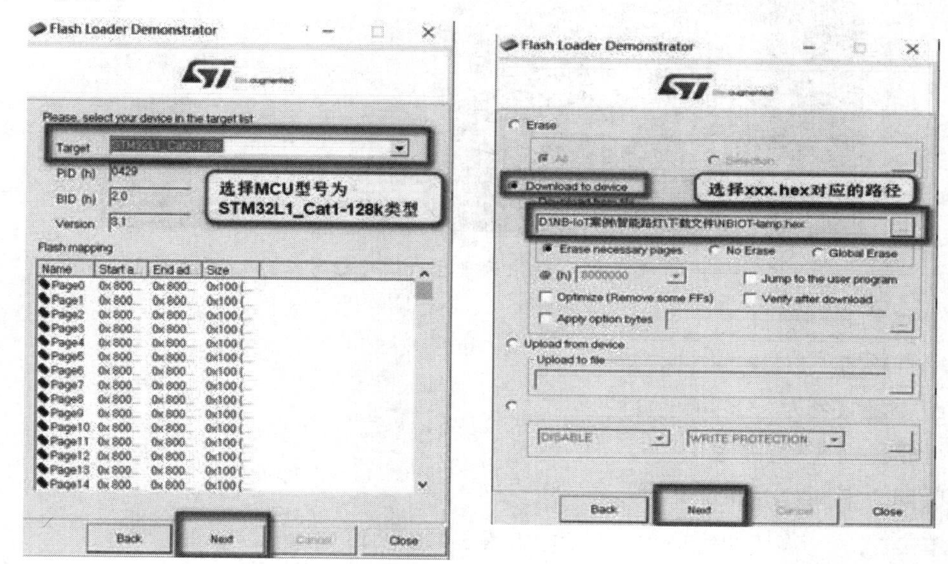

图 3-44　选择 MCU 型号及下载 hex 文件

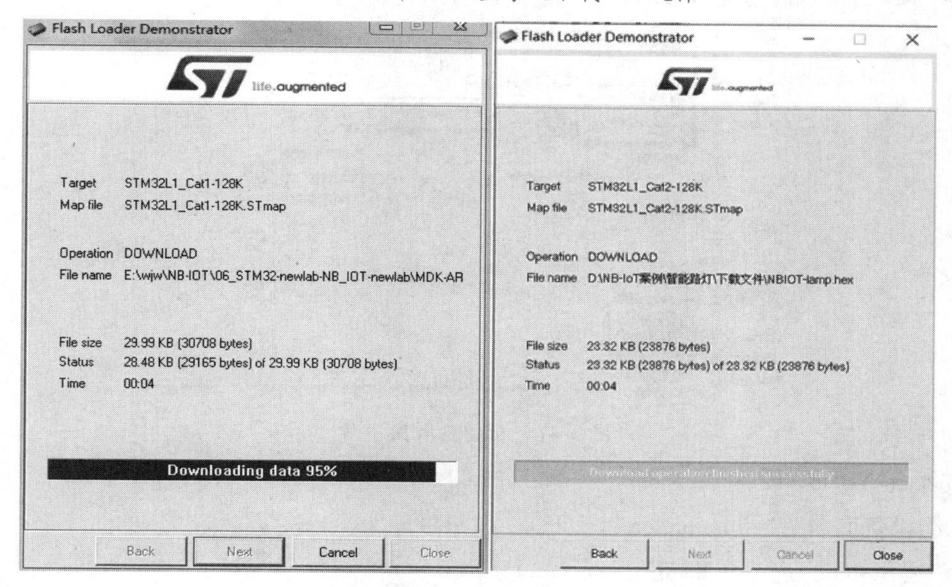

图 3-45　下载 hex 成功后的界面

④烧写完毕后启动 NB-IoT 模块。

a.把图 3-35 标注⑥处的开关拨向左方向启动处；

b.把图 3-35 标注④的拨码开关 1、2 向下拨；

c.重新上电或按下复位键即可使用。

3.NB-IoT 接入云平台，查看光照数据并控制灯的亮灭

①注册账号，如图 3-46 所示。

图 3-46　登录云平台或注册账号

②新增物联网项目。

a.单击新增项目。

b.给项目取名为“NB-IoT 项目”。

c.行业类别选“智能家居”。

d.联网方案选“NB-IoT”。

e.单击“下一步”按钮完成项目新建,如图 3-47 所示。

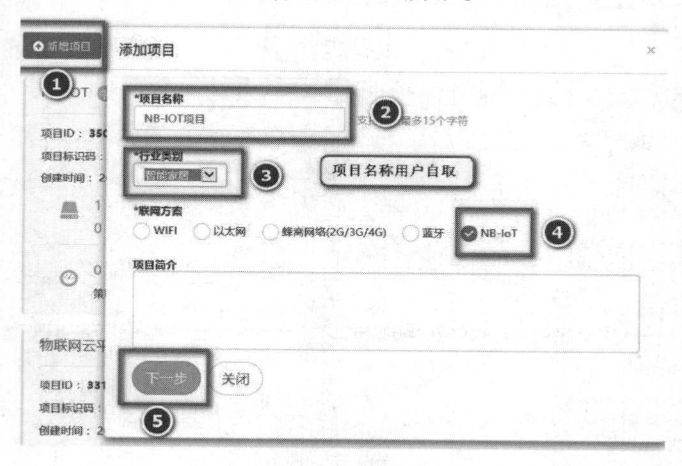

图 3-47　新增物联网项目

③添加 NB-IoT 设备。

a.给设备取名为“Illumination”。

b.“通讯协议”选“LWM2M”。

c.设备标识填写 NB-IoT 模块 NB86-G 芯片上的 IMEI 号。

d.单击“确定添加设备”按钮,云平台自动获取 NB-IoT 模块上的传感器数据,如图 3-48 所示。

e.删除多余选项后,仅剩下光照强度传感器 Illumination 和控制灯 Light。

其中,Illumination 为传感器上传的数据,Light 可控制灯的亮灭。

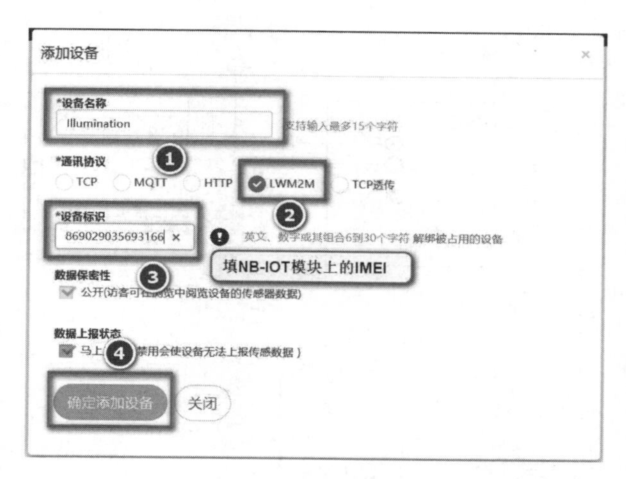

图 3-48　添加 NB-IoT 设备

④模块上电。

a.如图 3-49 所示，连接状态显示“已连接”，表示连接成功。

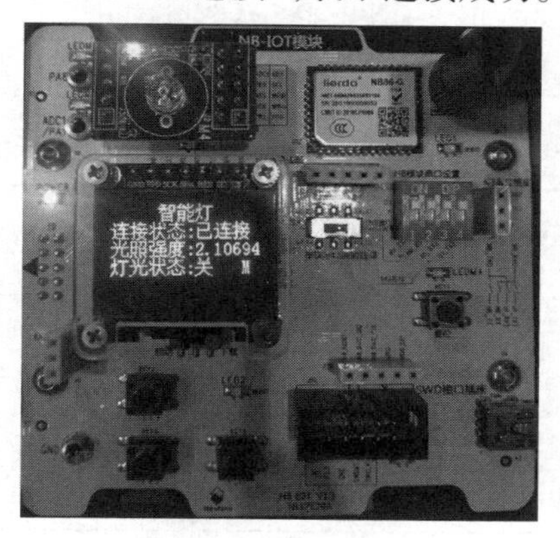

图 3-49　NB-IoT 模块上电

b.通过 KEY2 可手动控制灯的亮灭。

c.通过 KEY3 可切换控制模式。

当 OLED 最后一行显示 M，则表示手动控制可通过云平台或 KEY2 控制灯的亮灭；当 OLED 最后一行显示 A，则表示自动控制，根据光照传感器采集到的数据控制灯的亮灭。当光照强度小于 3 则会自动开灯，开灯后采集开灯时的光照强度 val，当环境光照强度大于 val +1 时，会自动熄灯。

▶任务练习

基于 NB-IoT 通信技术实现室内光照的监测与控制系统。按接线图（图 3-50）进行设备安装与部署，节点将采集到的光照传感数据经 NB-IoT 发送传感数据至云平台，云平台也能远程控制 NB-IoT 模块上灯泡的开关。

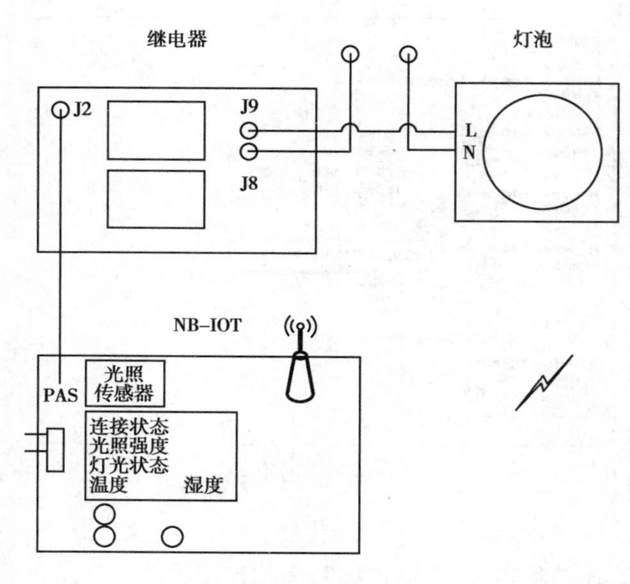

图 3-50 接线图

▶任务评价

<table>
<tr><td colspan="2">班级</td><td colspan="3"></td><td>姓名</td><td colspan="2"></td></tr>
<tr><td colspan="2">学习日期</td><td colspan="3"></td><td>等级</td><td colspan="2"></td></tr>
<tr><td>序号</td><td>时段</td><td colspan="4">任务准备过程</td><td>分值/分</td><td>得分/分</td></tr>
<tr><td>1</td><td>课前
（10%）</td><td colspan="4">①按照 7S 标准着装规范、入场有序、工位整洁（5 分）
②准备实训平台、耗材、工具、学习资讯等（5 分）</td><td>10</td><td></td></tr>
<tr><td rowspan="2">2</td><td rowspan="10">课中
（80%）</td><td colspan="4">情感态度评价</td><td rowspan="2">10</td><td rowspan="2"></td></tr>
<tr><td colspan="4">小组学习氛围浓厚，沟通协作好，具有文明规范操作职业习惯（10 分）</td></tr>
<tr><td rowspan="8">3</td><td>任务工作过程评价</td><td>自评</td><td>互评</td><td>师评</td><td rowspan="8">70</td><td rowspan="8"></td></tr>
<tr><td>①按照连线图，硬件连接正确（10 分）</td><td></td><td></td><td></td></tr>
<tr><td>②传感器节点固件下载正确（10 分）</td><td></td><td></td><td></td></tr>
<tr><td>③传感器节点配置正确（10 分）</td><td></td><td></td><td></td></tr>
<tr><td>④云平台上项目创建成功（10 分）</td><td></td><td></td><td></td></tr>
<tr><td>⑤网关接入云平台配置正确（10 分）</td><td></td><td></td><td></td></tr>
<tr><td>⑥云平台上传感器数据采集正常（10 分）</td><td></td><td></td><td></td></tr>
<tr><td>⑦串口调试助手查看传感器数据采集正常（10 分）</td><td></td><td></td><td></td></tr>
<tr><td>4</td><td>课后
（10%）</td><td>任务练习完成情况（10 分）</td><td></td><td></td><td></td><td>10</td><td></td></tr>
<tr><td colspan="6">总分</td><td>100</td><td></td></tr>
<tr><td>备注</td><td colspan="7">A.80～100 分；B.70～79 分；C.60～69 分；D.60 分以下</td></tr>
</table>

▶任务小结

请总结本次任务过程中的优缺点,并提出改进计划,写入下表。

完成事项	优点	存在问题	改进计划
任务练习			
任务实施			
其他			

▶项目评价

评价由三个部分组成,即学生自评、小组评价和教师评价。按照自评占20%,小组评占30%,教师评占50%计入总分。

评价内容	配分/分	得分			总评等级
		自评	组评	师评	
纪律观念	10				A(80分以上) □ B(70~79分) □ C(60~69分) □ D(59分以下) □
学习态度	10				
协作精神	10				
文明规范	10				
任务练习	10				
实践动手能力	30				
解决问题能力	20				
评分小计	100				

▶项目练习

一、判断题

1.无线传感器网络英文是:Wireless Sensor Networks,简称WSN。 (　　)

2.ZigBee技术是一种近距离、低复杂度、低功耗、低速率、低成本的双向无线通信技术,它是基于IEEE802.15.4协议栈的,在工业、农业、医疗等领域应用非常广泛。 (　　)

3.典型短距离无线通信技术包括红外数据传输、蓝牙、Wi-Fi、NFC、RFID等。 (　　)

4.CC2530是集IEEE802.15.4、ZigBee、RF4CE于一体的片上系统,但没有8051内核。 (　　)

5.在智能家居领域常见的传感器有温湿度、红外人体、烟雾、光强度等。 (　　)

6.建立IAR开发环境:①新建工作区。打开"IAR Embedded Workbench"命令,启动IAR

软件;选择“File”→“New”→“Workspace…”命令。②新建工程。选择“Project”→“Creat New Project…”命令。③新建文件。选择“File”→“New”→“File”命令或单击工具栏“🗋”图标,新建文件,并将文件保存在工程文件相同中径下。 (　　)

7.CC2530芯片拥有30个I/O端口,分别由P0、P1和P2组成。 (　　)

8.模拟传感器是将被测量的非电学量转换成模拟电信号。 (　　)

9.CC2530芯片共有T1、T2、T3和T4定时/计数器,其中T1为8位定时/计数器。 (　　)

10.定时器1有三种操作方式,分别为自由运行模式、模模式和正计数/倒计数模式。 (　　)

11.在自由运行模式,输出比较模式周期为:0xFFFF×t,相对固定;脉宽为:脉宽×t,基本由T1CCn确定。 (　　)

12.CC2530芯片共有USART0和USART1两个串行通信接口,它能够运行于异步模式(UART)或者同步模式(SPI)。 (　　)

13.UART模式提供全双工传送,接收器中的位同步不影响发送功能。传送一个UART字节包含1个起始位、10个数据位、1个作为可选项的第9位数据或者奇偶校验位再加上1个或2个停止位。 (　　)

二、单项选择题

1.要把CC2530芯片的P1.0 P1.1 P1.2 P1.3设置为GPIO端口,P1.4 P1.5 P1.6 P1.7设置为外设端口,正确的操作是(　　)。

A.P1SEL=0xF0　　B.P1SEL=0x0F　　C.P1DIR=0xF0　　D.P1DIR=0x0F

2.根据IEEE802.15.4标准协议,ZigBee的工作频段分为(　　)。

A.868 MHz、918 MHz、2.3 GHz　　B.848 MHz、918 MHz、2.4 GHz

C.868 MHz、915 MHz、2.4 GHz　　D.868 MHz、960 MHz、2.4 GHz

三、编程题

1.LED1与P1.0相连,高电平有效,要求采用T1的中断方式控制LED1每5 s闪烁1次。

2.通过串口1,CC2530开发板不断地向PC机发送字符串“Hello ZigBee!”。

传感网综合创新应用

本项目通过对 RS-485 总线、CAN 总线、ZigBee 技术等通信方式的应用实践，完成环境监测系统、仓库安防系统、社区灯控系统、可燃气体监测系统的传感网络搭建，实现传感器数据采集及控制。

□知识目标

①掌握 RS-485、CAN 总线的通信方式的应用；

②掌握 ZigBee 技术的开发应用；

③了解 MCU 编程手册，运用 MCU 的 AD 转换器驱动技术，熟练操作 AD 转换器进行模数转换，实现数据采集。

□技能目标

①能根据工作任务的特点选择常用传感器；

②能够选择不同通信方式搭建传感网络；

③能结合生活实例，运用 RS-485 总线原理，搭建有线传感网络系统；

④能结合生活实例，运用 CAN 总线原理，搭建有线传感网络系统；

⑤能结合生活实例，运用 ZigBee 技术，搭建无线传感网络系统；

⑥能结合生活实例，进行基于 RS-485、CAN、ZigBee 等通信方式混合搭建传感网络系统。

□素养目标

①激发学生的学习兴趣，训练学生良好的操作习惯，培养学生严谨的科学态度；

②培养学生好学向上、积极动手、团结协作、吃苦耐劳等良好品质；

③培养学生的 7S 职业素养。

任务一　搭建环境监测系统

▶任务描述

本任务要求基于 RS-485 总线通信技术实现养殖基地的环境监测系统搭建。将采集到的空气质量、温湿度等传感数据经 RS-485 总线传输到物联网网关，由物联网网关发送传感数据至云平台，云平台显示上报的传感器数据，通过串口调试助手能查看到数据。

▶任务目标

①能采用 RS-485 总线通信方式，搭建养殖基地的环境监测系统的传感网络；

②能利用网关将传感数据发送至云平台；

③能利用串口调试助手查看传感数据。

▶任务准备

小组讨论并分工合作，核对表 4-1 中需要的实训平台（器件）、工具、耗材、学习资讯等，并将完成情况记入表 4-1 中。

表 4-1　任务准备及完成情况表

准备名称	准备内容	完成情况	负责人
实训平台（器件）	PC 机 1 台、实验平台 1 套、M3 主控模块 3 个、空气质量传感器 1 个、温湿度传感器 1 个、物联网网关 1 个、串口线 1 根（或 USB 转串口线 1 根）、RS232-RS-485 转接器 1 个		
实训工具	工具包 1 套		
实训耗材	网线、导线若干		
学习资讯	任务书、评价表		

操作视频

▶任务实施

①按照接线图 4-1，选择合适的设备，进行线路连接。

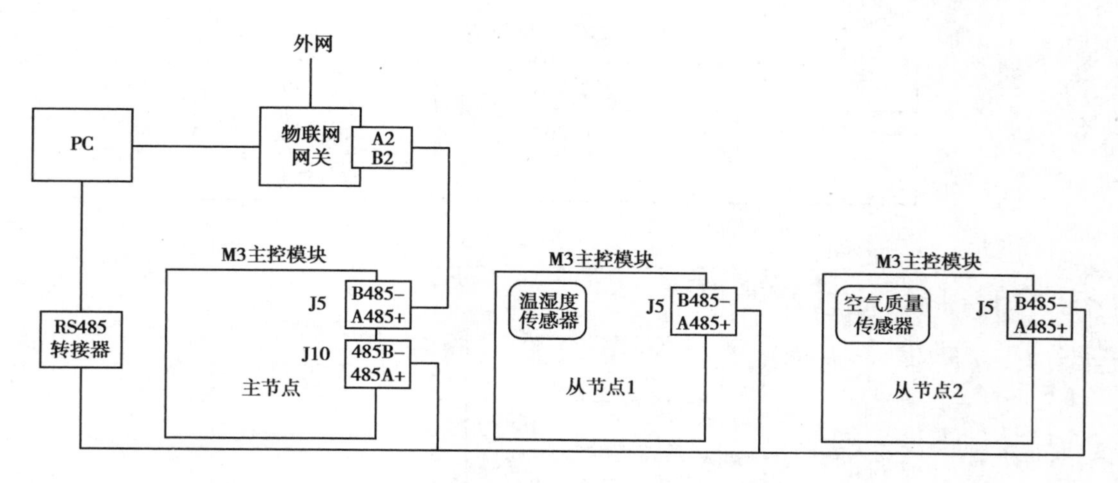

图 4-1　环境监测系统接线图

a.RS-485 从节点 1 连接温湿度传感器,通过 RS-485 总线与主节点进行连接。

b.RS-485 从节点 2 连接空气质量传感器,通过 RS-485 总线与主节点进行连接。

c.RS-485 主节点通过 RS-485 总线与物联网网关设备进行连接。

d.RS-485 主节点通过 RS232-RS-485 转接器连接到 PC。

②物联网网关设备通过 WAN 口连接公有网络,通过 LAN 口连接到 PC 机。

③下载节点固件。

对 RS-485 主节点和两个从节点进行固件烧写,烧写文件在考试资源目录中,分别是主节点固件和从节点固件,将主节点和其中 1 个从节点烧写成功,如图 4-2 所示。

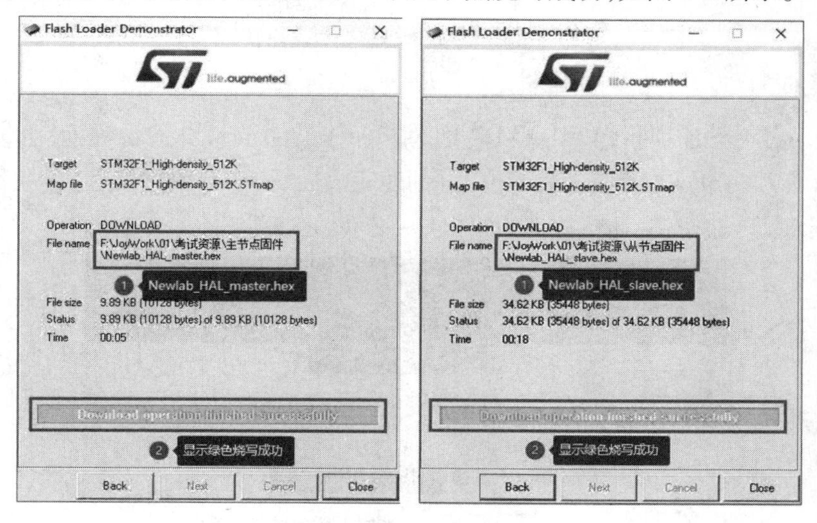

图 4-2　节点固件下载

④配置节点。

使用节点配置工具对两个从节点进行配置,设备地址按表 4-2 进行配置。配置完成后的配置信息如图 4-3 所示。

操作视频

表 4-2　节点配置表

节点类型	设备地址	传感器
从节点 1	0x0021	温湿度
从节点 2	0x0022	空气质量

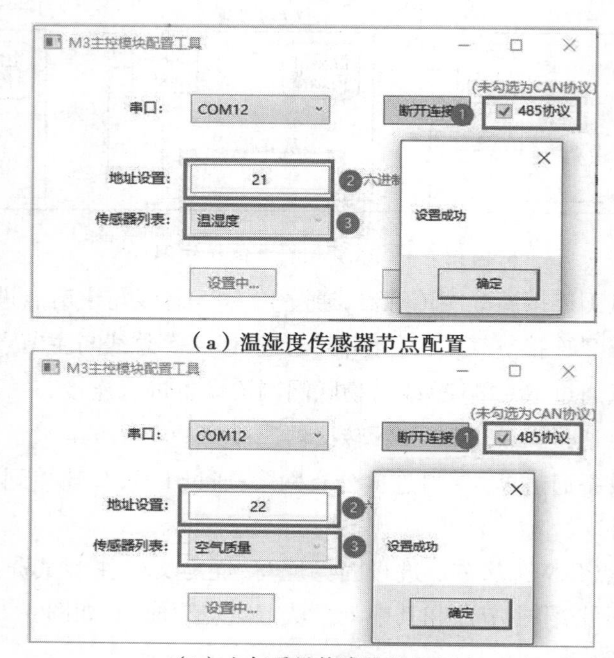

（a）温湿度传感器节点配置

（b）空气质量传感器节点配置

图 4-3　节点配置完成图

⑤在云平台上创建项目，其中项目名称为“Test+工位号”，设备名称为“485 总线+工位号”，设备标识为“NSP+准考证号后 6 位”。创建完成后，云平台项目信息（含项目名称、设备名称、设备标识、传输密钥、通信协议）如图 4-4 所示。

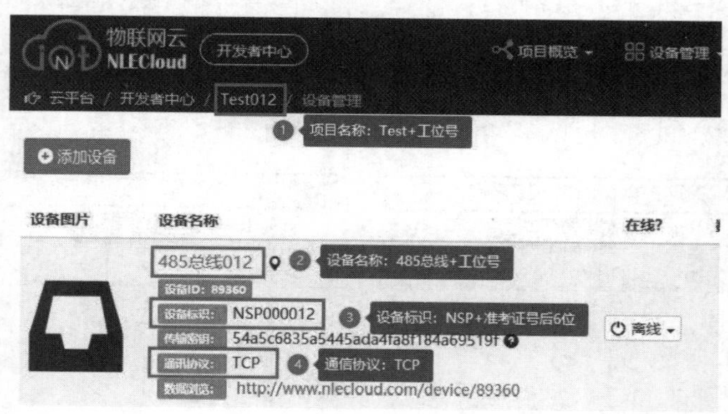

图 4-4　云平台上创建 Test012 项目

⑥配置物联网网关接入云平台，配置完成后，配置信息（含平台账号、设备 ID、设备标识、传输密钥、通信协议）如图 4-5 所示。

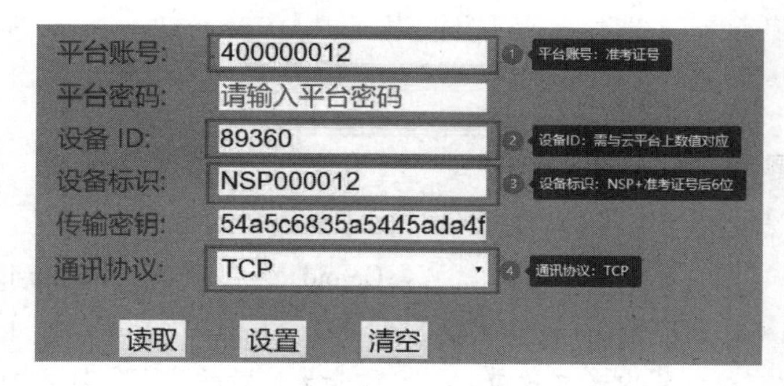

图 4-5　网关配置

⑦以上操作成功并完成后，云平台上相应界面将显示物联网网关在线，并显示出空气质量、温度/湿度传感器数据。云平台上显示的传感器实时数据如图 4-6 所示。

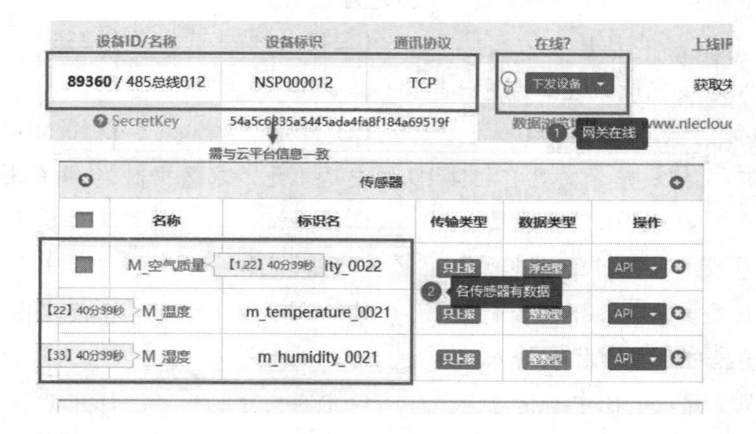

图 4-6　云平台上传感器实时数据

⑧在“串口调试助手”中查看 485 主节点与从节点之间的数据传输，“串口调试助手”界面如图 4-7 所示。

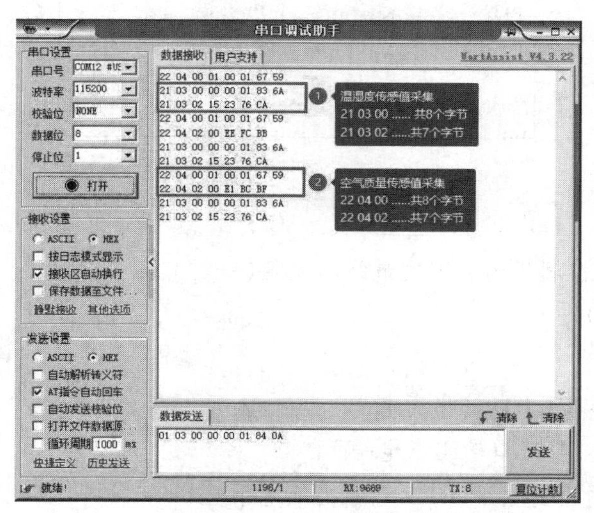

图 4-7　串口调试助手显示数据传输

▶任务练习

一、单项选择题

1.C 语言中宏定义使用的关键字是(　　)。

A.enum　　B.define　　C.void　　D.unsigned

2.光敏电阻的测光原理是(　　)。

A.外光电效应　　B.内光电效应　　C.光生伏特效应　　D.电阻应变效应

3.全球第一个真正用于工业现场的总线协议是(　　)。

A.RS-485　　B.Modbus　　C.CAN　　D.USB

4.Modbus 消息帧中地址(　　)作为广播地址使用。

A.0　　B.1　　C.247　　D.255

5.高速 CAN 总线支持的最高传输速率为(　　)。

A.56 kB/s　　B.125 kB/s　　C.1 MB/s　　D.10 MB/s

6.CAN 通信中,接收单元向具有相同 ID 的发送单元请求数据时,使用的是(　　)。

A.数据帧　　B.遥控帧　　C.错误帧　　D.过载帧

7.在 CAN 总线中,实现"逻辑电平"与"差分电平"之间相互转换的器件是(　　)。

A.CAN 收发器　　B.CAN 控制器　　C.MCU　　D.终端匹配电阻

8.(　　)是指中断处理程序的入口地址。

A.中断源　　B.中断请求　　C.中断向量　　D.中断服务函数

9.已知如图 4-8 所示,Modbus 的 RTU 请求报文内容为"0x03 0x01 0x00 0x07 0x00 0x10 0x8D 0xE5",则从设备响应报文中数据字节的个数应为(　　)个。

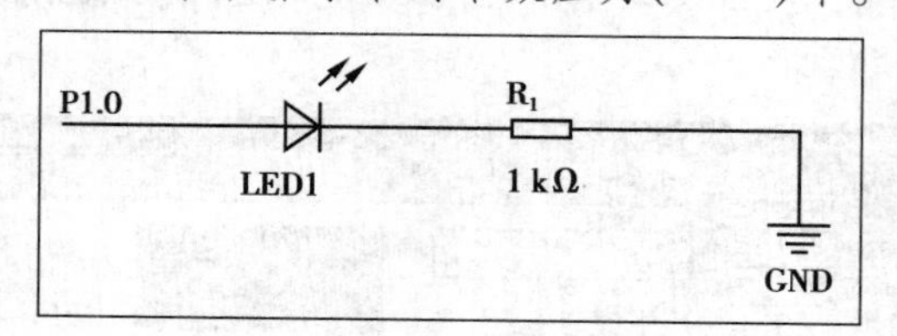

图 4-8　题 9 图

A.1　　B.2　　C.3　　D.4

10.下述 CC2530 控制代码实现的最终功能是(　　)。

```
P1DIR |= 0x03;
P1 = 0x02;
```

A.让 P1.0 口和 P1.1 口输出高电平

B.让 P1.0 口和 P1.1 口输出低电平

C.让 P1.0 口输出高电平、P1.1 口输出低电平

D.让 P1.0 口输出低电平、P1.1 口输出高电平

二、多项选择题

1.以下属于C语言中循环语句的是(　　)。

A.if…else语句　　B.for语句　　C.while语句　　D.do…while语句

2.以下传感器属于模拟量传感器的是(　　)。

A.光敏二极管传感器　　B.电阻式气体传感器

C.人体红外传感器　　D.电容式湿敏传感器

3.CAN总线具备的特性是(　　)。

A.具有优秀的仲裁机制　　B.具备错误检测与处理功能

C.具备数据自动重发功能　　D.故障节点可自动脱离总线

4.下述关于热电偶的说法,正确的是(　　)。

A.可以把温度转换成电流形式的信号　　B.工作原理基于热电效应

C.使用热电偶时应进行冷端补偿　　D.可以在热电偶回路中接入第三种金属

5.在C语言中调用函数时,以下说法错误的是(　　)。

A.函数调用后必须带回返回值

B.实际参数和形式参数可以同名

C.函数间的数据传递不可以使用全局变量

D.主调函数和被调函数总是在同一个文件里

▶任务评价

<table>
<tr><td colspan="2">班级</td><td colspan="3"></td><td>姓名</td><td colspan="2"></td></tr>
<tr><td colspan="2">学习日期</td><td colspan="3"></td><td>等级</td><td colspan="2"></td></tr>
<tr><td>序号</td><td>时段</td><td colspan="4">任务准备过程</td><td>分值/分</td><td>得分/分</td></tr>
<tr><td>1</td><td>课前
(20%)</td><td colspan="4">①按照7S标准着装规范、入场有序、工位整洁(10分)
②准备实训平台、耗材、工具、学习资讯等(10分)</td><td>20</td><td></td></tr>
<tr><td rowspan="2">2</td><td rowspan="10">课中
(80%)</td><td colspan="4">情感态度评价</td><td rowspan="2">10</td><td rowspan="2"></td></tr>
<tr><td colspan="4">小组学习氛围浓厚,沟通协作好,具有文明规范操作职业习惯(10分)</td></tr>
<tr><td rowspan="8">3</td><td>任务工作过程评价</td><td>自评</td><td>互评</td><td>师评</td><td rowspan="8">70</td><td rowspan="8"></td></tr>
<tr><td>①按照连线图,硬件连接正确(10分)</td><td></td><td></td><td></td></tr>
<tr><td>②传感器节点固件下载正确(10分)</td><td></td><td></td><td></td></tr>
<tr><td>③传感器节点配置正确(10分)</td><td></td><td></td><td></td></tr>
<tr><td>④云平台上项目创建成功(10分)</td><td></td><td></td><td></td></tr>
<tr><td>⑤网关接入云平台配置正确(10分)</td><td></td><td></td><td></td></tr>
<tr><td>⑥云平台上传感器数据情况正常(10分)</td><td></td><td></td><td></td></tr>
<tr><td>⑦串口调试助手查看传感器数据情况正常(10分)</td><td></td><td></td><td></td></tr>
<tr><td colspan="6">总分</td><td>100</td><td></td></tr>
<tr><td>备注</td><td colspan="7">A.80~100分;B.70~79分;C.60~69分;D.60分以下</td></tr>
</table>

▶任务小结

请总结本次任务过程中的优缺点，并提出改进计划，写入下表。

完成事项	优点	存在问题	改进计划
任务练习			
任务实施			
其他			

任务二　搭建仓库安防监测系统

▶任务描述

本任务要求基于CAN总线通信技术实现仓库安防监测系统搭建。按接线图进行设备安装与部署，采集节点将采集到的人体红外、火焰、可燃气体等传感数据经CAN总线传输到汇聚节点，汇聚节点安装人体红外传感器并通过RS-485总线连接物联网网关，由物联网网关发送传感数据至云平台，云平台显示上报的传感器数据，通过CAN调试助手能查看到传感器数据。

▶任务目标

①能采用CAN总线通信方式，搭建仓库安防监测系统的传感网络；
②能利用网关将传感数据发送至云平台；
③能利用CAN调试助手查看传感数据。

▶任务准备

小组讨论并分工合作，核对表4-3中需要的实训平台（器件）、实训工具、实训耗材、学习资讯等，并将完成情况记入表4-3。

表 4-3　任务准备及完成情况表

准备名称	准备内容	完成情况	负责人
实训平台(器件)	PC 机 1 台、实验平台 1 套、M3 主控模块 3 个、可燃气体传感器模块 1 个、火焰传感器模块 1 个、人体红外传感器模块 1 个、物联网网关 1 个、串口线 1 根(或 USB 转串口线 1 根)		
实训工具	工具包 1 套		
实训耗材	网线、导线若干		
学习资讯	任务书、评价表		

操作视频

▶任务实施

①按照接线图 4-9,选择合适的设备,进行线路连接。

a.CAN 采集节点 1 连接火焰传感器模块,通过 CAN 总线与汇聚节点进行连接。

b.CAN 采集节点 2 连接可燃气体传感器模块,通过 CAN 总线与汇聚节点进行连接。

c.汇聚节点连接人体红外传感器,并通过 RS-485 总线与物联网网关设备进行连接。

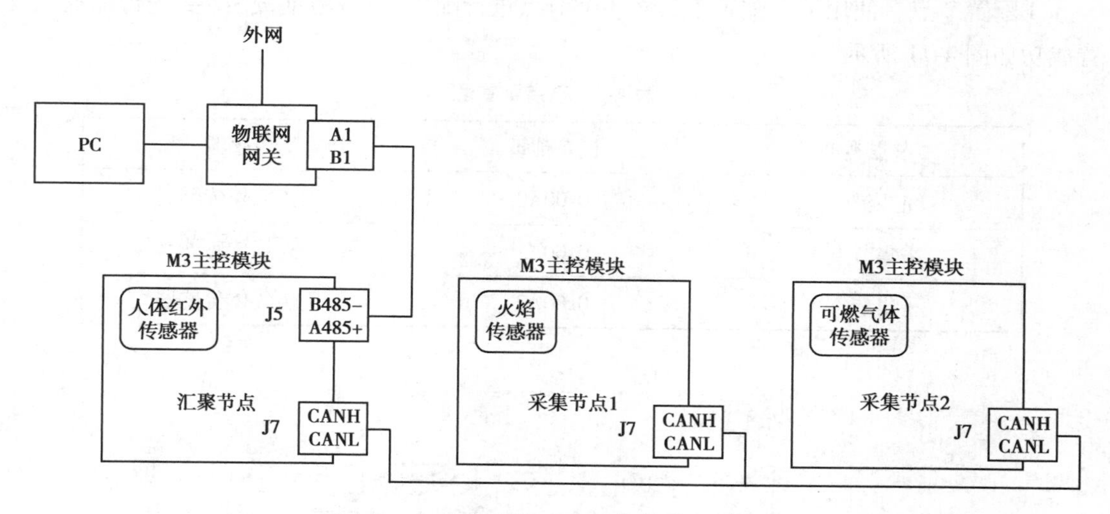

图 4-9　仓库安防监测系统传感节点接线图

②网关设备通过 WAN 口连接公有网络,通过 LAN 口连接到 PC 机。

③下载节点固件。对汇聚节点和采集节点进行固件烧写,烧写文件在考试资源目录中,固件烧写成功如图 4-10 所示。

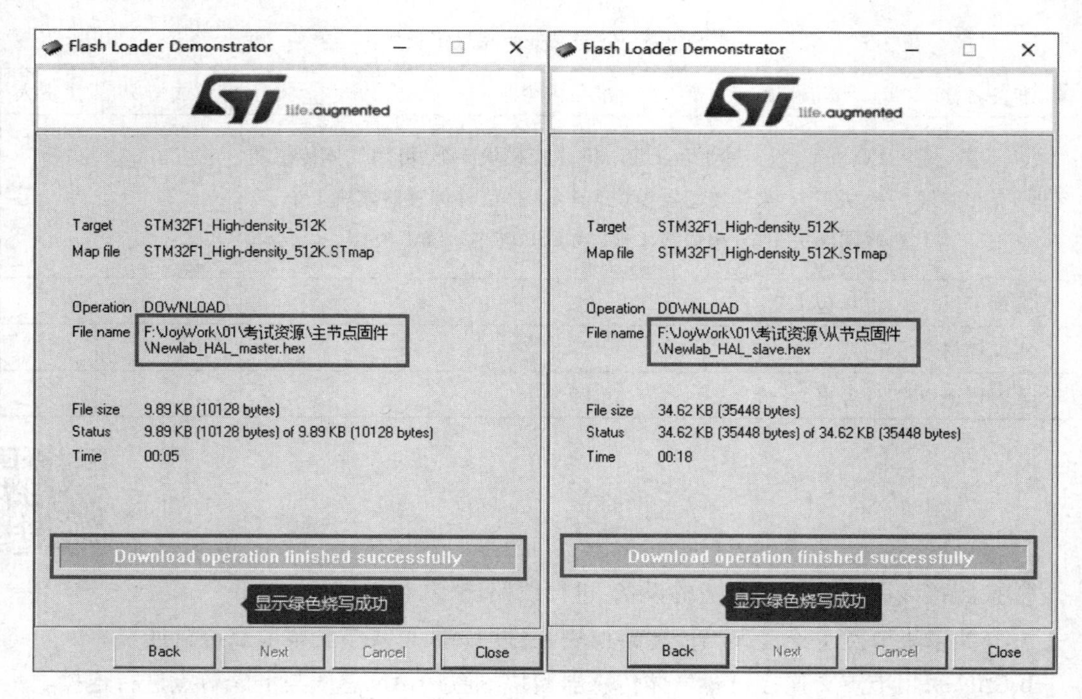

图 4-10 固件烧写成功

④配置节点。使用节点配置工具对 3 个节点进行配置,设备地址按表 4-4 进行配置。设置成功如图 4-11 所示。

表 4-4 节点配置表

节点类型	设备地址	传感器
汇聚节点	0x00A0	人体红外传感器
采集节点 1	0x00A1	火焰传感器
采集节点 2	0x00A2	可燃气体传感器

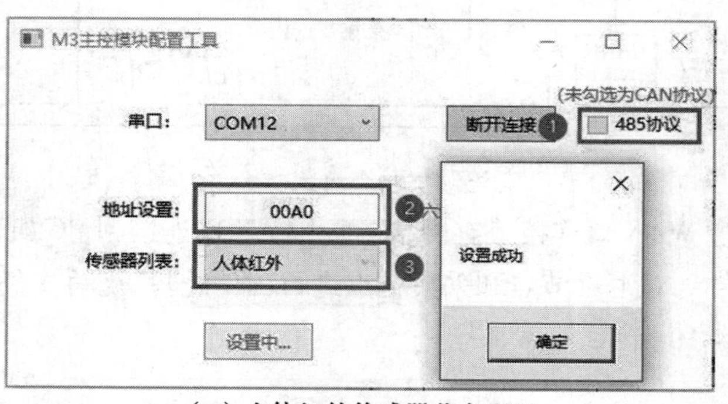

(a)人体红外传感器节点配置

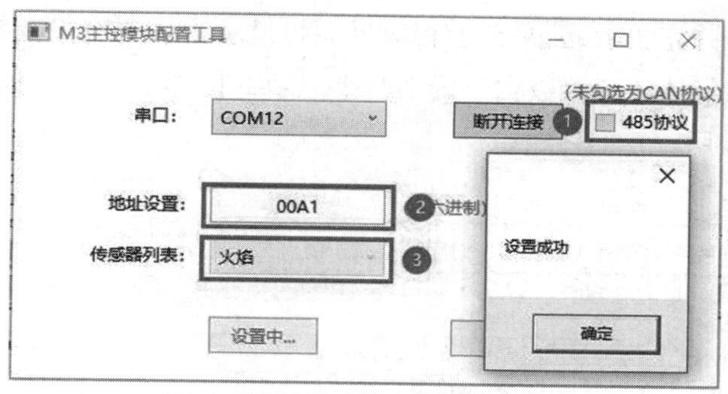

（b）火焰传感器节点配置

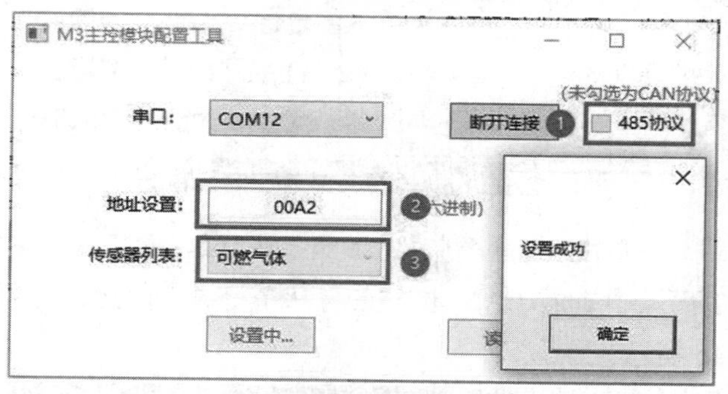

（c）可燃气体传感器节点配置

图 4-11　传感器节点配置

⑤在云平台上创建项目，其中项目名称为"Test+工位号"，设备名称为"CAN 总线+工位号"，设备标识为"NSP+准考证号后 6 位"。创建完成后，云平台项目信息如图 4-12 所示。

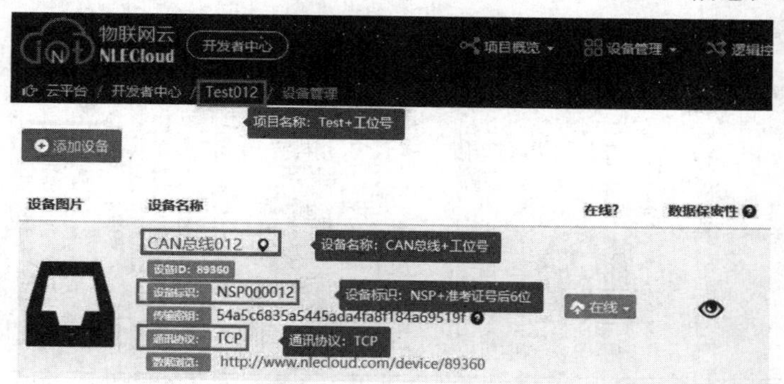

图 4-12　云平台完成创建项目图

⑥配置物联网网关接入云平台，配置完成后，配置信息如图 4-13 所示。

平台账号: 400000012　平台账号：准考证号
平台密码: 请输入平台密码
设备 ID: 89360　设备ID：需与云平台上数值对应
设备标识: NSP000012　设备标识：NSP+准考证号后6位
传输密钥: 54a5c6835a5445ada4f
通讯协议: TCP　通讯协议：TCP
读取　设置　清空

图 4-13　网关接入云平台配置图

操作视频

⑦以上操作成功并完成后，云平台上相应界面将显示物联网网关在线，并显示出人体、火焰、可燃气体传感器数据。云平台上显示的传感器实时数据的界面如图 4-14 所示。

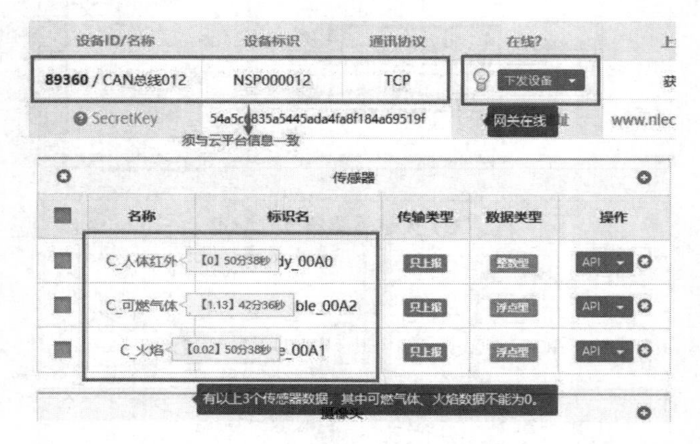

图 4-14　云平台上显示的传感器实时数据

⑧在“CAN 调试助手”中查看 CAN 主节点与从节点之间的数据传输，将“CAN 调试助手”界面设置如图 4-15 所示。

序号	传输方向	时间标识	帧类型	帧格式	帧ID	数据长度	数据
364	接收	19-10-18 19:38:26:3	标准帧	数据帧	00000033	8	01 00 00 00 33 00 00 00
365	接收	19-10-18 19:38:31:0	标准帧	数据帧	00000011	8	01 00 00 00 11 00 00 00
366	接收	19-10-18 19:38:32:1	标准帧	数据帧	00000033	8	01 00 00 00 33 00 00 00
367	接收	19-10-18 19:38:36:8	标准帧	数据帧	00000011	8	01 00 00 00 11 00 00 00
368	接收	19-10-18 19:38:37:9	标准帧	数据帧	00000033	8	01 00 00 00 33 00 00 00
369	接收	19-10-18 19:38:42:6	标准帧	数据帧	00000011	8	01 00 00 00 11 00 00 00
370	接收	19-10-18 19:38:43:6	标准帧	数据帧	00000033	8	01 00 00 00 33 00 00 00
371	接收	19-10-18 19:38:48:3	标准帧	数据帧	00000011	8	01 00 00 00 11 00 00 00
372	接收	19-10-18 19:38:49:4	标准帧	数据帧	00000033	8	01 00 00 00 33 00 00 00
373	接收	19-10-18 19:38:54:1	标准帧	数据帧	00000011	8	01 00 00 00 11 00 00 00
374	接收	19-10-18 19:38:55:2	标准帧	数据帧	00000033	8	01 00 00 00 33 00 00 00
375	接收	19-10-18 19:38:59:9	标准帧	数据帧	00000011	8	01 00 00 00 11 00 00 00
376	接收	19-10-18 19:39:01:0	标准帧	数据帧	00000033	8	01 00 00 00 33 00 00 00
377	接收	19-10-18 19:39:05:7	标准帧	数据帧	00000011	8	01 00 00 00 11 00 00 00
378	接收	19-10-18 19:39:06:7	标准帧	数据帧	00000033	8	01 00 00 00 33 00 00 00
379	接收	19-10-18 19:39:11:4	标准帧	数据帧	00000011	8	01 00 00 00 11 00 00 00
380	接收	19-10-18 19:39:12:5	标准帧	数据帧	00000033	8	01 00 00 00 33 00 00 00

图 4-15　CAN 调试助手查看节点间数据传输

▶任务练习

一、单项选择题

1.在 CAN 总线的数据帧中，使用(　　)差错校验方法保证数据准确无误地传送。

A.奇偶校验　　B.累加和校验

C.循环冗余码校验(CRC)　　D.以上都不正确

2.Modbus 总线上最多可以有(　　)个从设备。

A.1　　B.128　　C.247　　D.256

3.(　　)总线通常用于汽车内部控制系统的监测与执行机构间的数据通信。

A.Modbus　　B.CAN　　C.IIC　　D.RS-485

4.CAN 通信中,发送单元向接收单元传送数据使用的是(　　)。

A.数据帧　　B.遥控帧　　C.错误帧　　D.过载帧

5.(　　)是一种实现“报文”与“符合 CAN 规范的通信帧”之间相互转换的器件。

A.CAN 收发器　　B.CAN 控制器　　C.MCU　　D.终端匹配电阻

6.CC2530F128 芯片具有的闪存容量为(　　)。

A.32 kB　　B.64 kB　　C.128 kB　　D.256 kB

7.用来配置 CC2530 的 P1 端口数据传输方向的寄存器是(　　)。

A.P1　　B.P1DIR　　C.P1SEL　　D.P1INP

8.NB-IoT 网络体系中,终端与物联网云平台间一般使用(　　)等物联网专用协议进行通信。

A.HTTP　　B.HTTPS　　C.FTP　　D.CoAP

9.已知一个 8 位 A/D 的某次转换结果为 98,系统供电为 3.3 V,则此次系统检测到的电压值大概为(　　)。

A.1 V　　B.1.26 V　　C.2.67 V　　D.3.3 V

10.如果 int a=3,b=4;则条件表达式“a>b? 8:9”的值是(　　)。

A.3　　B.4　　C.8　　D.9

11.要将 CC2530 单片机的 P1.3 引脚设置为上升沿中断触发方式,需将 PICTL 寄存器的对应位设置为 0,则下列对 PICTL 寄存器的值设置正确的是(　　)。

A.PICTL &= ~0x01　　B.PICTL &= ~0x02

C.PICTL &= ~0x04　　D.PICTL &= ~0x08

12.以下对一维数组 a 的定义,正确的是(　　)。

A.char a[ ];　　B.char a(10);

C.char a[ ]={‘a’,’b’,’c’};　　D.char a={‘a’,’b’,’c’};

13.在 CC2530 单片机定时器 1 工作模式中,从 0x0000 计数到 T1CC0 并且从 T1CC0 计数到 0x0000 的工作模式是(　　)。

A.自由运行模式　　B.模模式

C.正计数/倒计数模式　　D.倒计数模式

二、多项选择题

1.C 语言中要表示浮点类型变量,定义时可使用(　　)。

A.long　　B.float　　C.double　　D.char

2.C 语言中的简单数据类型包括(　　)。

A.整型　　B.实型　　C.字符型　　D.逻辑型

3.工作在授权频段的 LPWAN 技术有(　　)。

A.Wi-Fi　　B.NB-IoT　　C.eMTC　　D.LoRa

4.下述关于 Modbus 通信协议的说法,正确的是(　　)。

A.Modbus 通信协议是一种传输层协议

B.Modbus 通信协议是一种单主/多从的通信协议

C.Modbus ASCII 采用纵向冗余校验方式

D.Modbus RTU 采用循环冗余校验方式

5.关于 AT+CSQ 命令返回:AT+CSQ:<rssi>,<ber>,下列说法正确的有(　　)。

A.rssi 代表信号质量,ber 代表误码率

B.rssi 的值如果返回为 99,则说明没有信号

C.rssi 的值数字越小,说明信号质量越好

D.rssi 的值数字越大,说明信号质量越好

▶任务评价

<table>
<tr><td colspan="2">班级</td><td colspan="2"></td><td colspan="2">姓名</td><td colspan="2"></td></tr>
<tr><td colspan="2">学习日期</td><td colspan="2"></td><td colspan="2">等级</td><td colspan="2"></td></tr>
<tr><td>序号</td><td>时段</td><td colspan="4">任务准备过程</td><td>分值/分</td><td>得分/分</td></tr>
<tr><td>1</td><td>课前
(20%)</td><td colspan="4">①按照 7S 标准着装规范、入场有序、工位整洁(10 分)
②准备实训平台、耗材、工具、学习资讯等(10 分)</td><td>20</td><td></td></tr>
<tr><td rowspan="2">2</td><td rowspan="10">课中
(80%)</td><td colspan="4">情感态度评价</td><td rowspan="2">10</td><td rowspan="2"></td></tr>
<tr><td colspan="4">小组学习氛围浓厚,沟通协作好,具有文明规范操作职业习惯(10 分)</td></tr>
<tr><td rowspan="8">3</td><td>任务工作过程评价</td><td>自评</td><td>互评</td><td>师评</td><td rowspan="8">70</td><td rowspan="8"></td></tr>
<tr><td>①按照连线图,硬件连接正确(10 分)</td><td></td><td></td><td></td></tr>
<tr><td>②传感器节点固件下载正确(10 分)</td><td></td><td></td><td></td></tr>
<tr><td>③传感器节点配置正确(10 分)</td><td></td><td></td><td></td></tr>
<tr><td>④云平台上项目创建成功(10 分)</td><td></td><td></td><td></td></tr>
<tr><td>⑤网关接入云平台配置正确(10 分)</td><td></td><td></td><td></td></tr>
<tr><td>⑥云平台上传感器数据情况正常(10 分)</td><td></td><td></td><td></td></tr>
<tr><td>⑦CAN 调试助手查看传感器数据情况正常(10 分)</td><td></td><td></td><td></td></tr>
<tr><td colspan="6">总分</td><td>100</td><td></td></tr>
<tr><td>备注</td><td colspan="7">A.80~100 分;B.70~79 分;C.60~69 分;D.60 分以下</td></tr>
</table>

▶任务小结

请总结本次任务过程中的优缺点，并提出改进计划，写入下表。

完成事项	优点	存在问题	改进计划
任务练习			
任务实施			
其他			

任务三　搭建室内光照监测控制系统

▶任务描述

本任务要求基于 NB-IoT 通信技术实现室内光照的监测与控制系统。按接线图进行设备安装与部署，节点将采集到的光照传感数据经 NB-IoT 发送传感数据至云平台，云平台也能远程控制 NB-IoT 模块上灯泡的开关；同时 NB-IoT 模块通过 RS232 连接一个 M3 主控模块用于接入其他 RS-485 接口信号，并转发到 NB-IoT 模块 OLED 显示，最后上传到云平台。

▶任务目标

①能采用 NB-IoT 通信方式，搭建养殖基地的环境监测系统的传感网络；

②能利用网关将传感数据发送至云平台；

③能利用 NB-IoT 模块 OLED 查看传感数据。

▶任务准备

小组讨论并分工合作，核对表 4-5 中需要的实训平台（器件）、实训工具、实训耗材、学习资讯等，将完成情况记入表 4-5 中。

表 4-5　任务准备及完成情况表

准备名称	准备内容	完成情况	负责人
实训平台(器件)	PC 机 1 台、实验平台 1 套、M3 主控模块 1 个、可温湿度传感器 1 个、光敏传感器 1 个 RS-485 转 232 转接头 1 个、物联网网关 1 个、串口线 1 根(或 USB 转串口线 1 根)、NB-IoT 模块 1 个、继电器模块 1 个、灯泡及灯座 1 个		
实训工具	工具包 1 套		
实训耗材	网线、导线若干		
学习资讯	任务书、评价表		

►任务实施

①按照接线图 4-16，选择合适的设备，进行线路连接。

a.NB-IoT 节点连接光敏传感器。

b.NB-IoT 节点的 PA8 连接继电器，继电器接灯泡灯座。

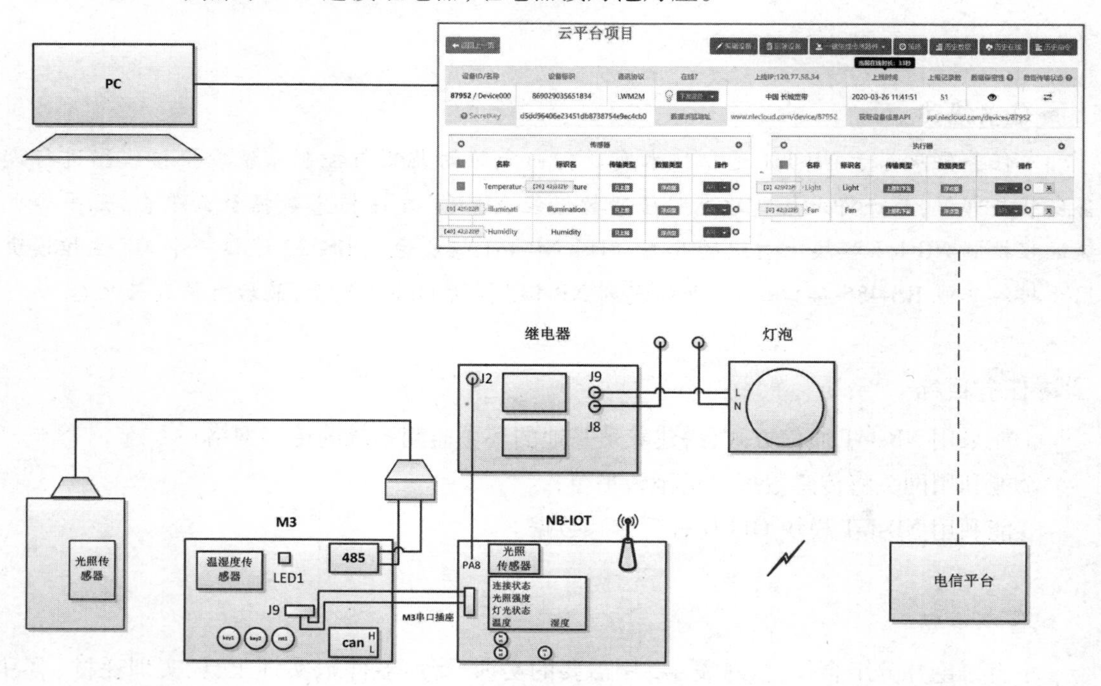

图 4-16　室内光照的监测控制系统接线图

c.NB-IoT 节点在云平台上线后，将转发节点 M3 的 J9 口通过杜邦线与 NB-IoT 节点的 UART1 交叉连接。

②下载节点固件。

对 NB-IoT 节点进行固件烧写，烧写文件在考试资源目录中，烧写过程见项目三任务六，烧写成功如图 4-17 所示。

操作视频

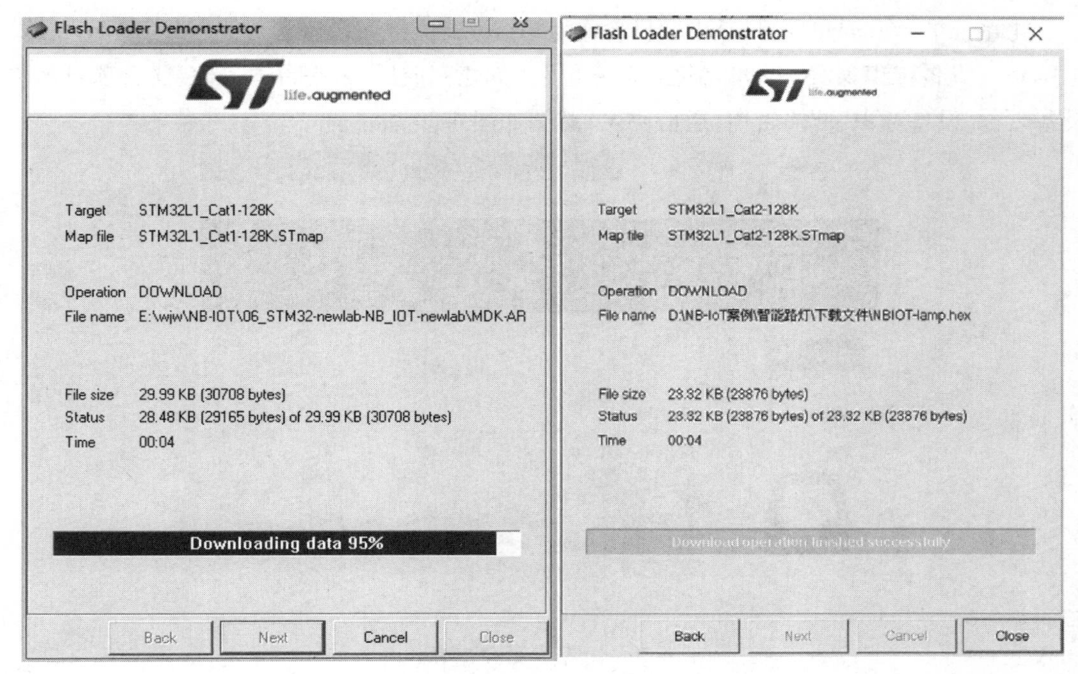

图 4-17　NB-IoT 节点固件烧写成功图

③对 M3 节点进行固件烧写。在考试资源目录中找到从节点固件烧写文件，烧写成功如图 4-18 所示，M3 配置如图 4-19 所示。

操作视频

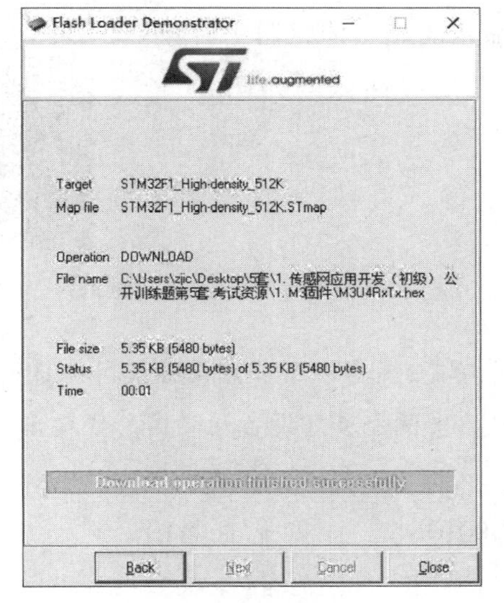

图 4-18　M3 节点固件烧写成功图

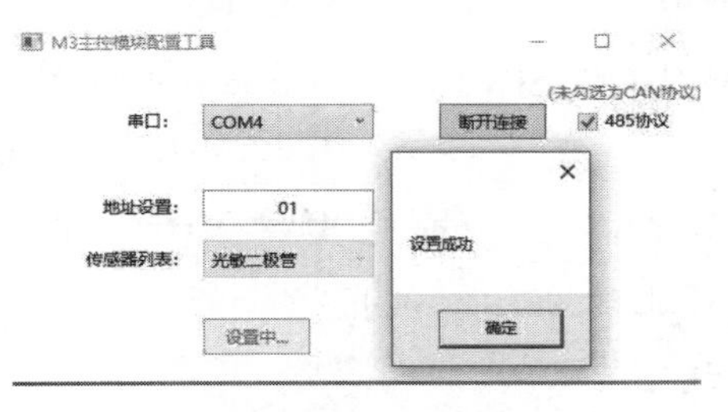

图 4-19　M3 模块的配置界面截图

④在云平台上创建项目，其中项目名称为“Test+工位号”，设备名称为“M3-NB-IoT 总线+工位号”，设备标识为“NSP+准考证号后 6 位”。创建完成后，云平台项目信息（含项目名称、设备名称、设备标识、传输密钥、通信协议）截图如图 4-20 所示。

图 4-20　云平台创建项目信息

⑤以上操作成功并完成后，云平台上相应界面将显示 NB-IoT 设备在线，并显示出光敏传感器、温湿度传感器，其他传感器删除，同时，执行器显示 Light 与 FAN 开关状态。云平台上显示的光照传感器实时数据、温湿度传感器，开关状态的界面截图如图 4-21 所示。

图 4-21　NB-IoT 模块传感数据显示界面

▶任务练习

一、单项选择题

1.CAN 总线具有“仲裁”功能，即当多个节点设备同时向总线发送数据时，采用这些数据的逻辑运算值作为总线输出。当两个节点设备同时向总线输出，一个输出“0100”，一个输出“0010”时，总线输出（　　）。

A.0100　　B.0010　　C.0110　　D.0000

2.以下 C 语言中的用户标识符，合法的是（　　）。

A.for　　B.4f　　C.f2_G3　　D.struct

3.STM32L151 芯片的 APB2 和 APB1 总线的最高时钟频率分别为（　　）。

A.72 MHz，72 MHz　　B.32 MHz，32 MHz

C.32 MHz，16 MHz　　D.64 MHz，32 MHz

4.下列关于 LoRa 说法不正确的是（　　）。

A.LoRa 是一种扩频通信技术

B.在郊区环境下,LoRa 通信距离可达 15 km

C.LoRa 技术的应用领域一般在智能水表、楼宇自动化、自动贩卖机等

D.LoRa 与 Wi-Fi、ZigBee 一样都属于短距离无线通信技术

5.如图 4-22 所示,按键 KEY1 连接到 STM32 芯片中的 PA0 引脚,请问 PA0 需要设置的上下拉模式为(　　),如果用中断检测该按键,应该检测 PA0 引脚电平的(　　)。

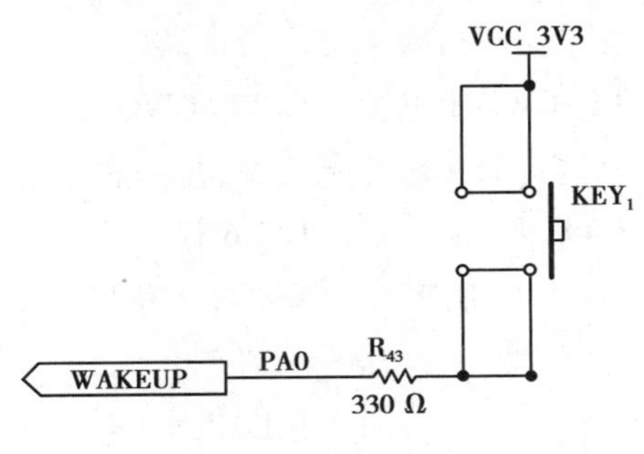

图 4-22　电路图

A.Pull-up;上升沿　　B.Pull-up;下降沿

C.Pull-down;上升沿　　D.Pull-down;下降沿

6.STM32 F1 的外部中断/事件控制器中 EXTI18 是连接或对应(　　)事件。

A.GPIO 中断　　B.RTC 闹钟

C.以太网唤醒　　D.USB

7.图 4-23 为 STM32 的 GPIO 端口配置寄存器的描述,在 GPIO 控制 LED 电路设计时,要使最大输出速度为 10 MHz,应该设置(　　)。

31	30	29	28	27	26	25	24	23	22	21	20	19	18	17	16
CNF15[1:0]		MODE15[1:0]		CNF14[1:0]		MODE14[1:0]		CNF13[1:0]		MODE13[1:0]		CNF12[1:0]		MODE12[1:0]	
rw	rw	rw	rw	rw	rw	rw	rw	rw	rw	rw	rw	rw	rw	rw	rw

15	14	13	12	11	10	9	8	7	6	5	4	3	2	1	0
CNF11[1:0]		MODE11[1:0]		CNF10[1:0]		MODE10[1:0]		CNF9[1:0]		MODE9[1:0]		CNF8[1:0]		MODE8[1:0]	
rw	rw	rw	rw	rw	rw	rw	rw	rw	rw	rw	rw	rw	rw	rw	rw

位	描述
位31:30 27:26 23:22 19:18 15:14 11:10 7:6 3:2	**CNFy[1:0]**：端口x配置位(y = 8…15) (Port x configuration bits) 软件通过这些位配置相应的I/O端口，请参考表17端口位配置表。 在输入模式(MODE[1:0]=00)： 00：模拟输入模式 01：浮空输入模式(复位后的状态) 10：上拉/下拉输入模式 11：保留 在输出模式(MODE[1:0]>00)： 00：通用推挽输出模式 01：通用开漏输出模式 10：复用功能推挽输出模式 11：复用功能开漏输出模式
位9:28 25:24 21:20 17:16 13:12 9:8, 5:4 1:0	**MODEy[1:0]**：端口x的模式位(y = 8…15) (Port x mode bits) 软件通过这些位配置相应的I/O端口，请参考表17端口位配置表。 00：输入模式(复位后的状态) 01：输出模式，最大速度10MHz 10：输出模式，最大速度2MHz 11：输出模式，最大速度50MHz

图 4-23　STM32 的 GPIO 端口配置寄存器

A.CNFy[1∶0]　　B.MODEy[1∶0]　　C.MODE　　D.CNF

8.STM32 的外部中断/事件控制器(EXTI)支持(　　)个中断/事件请求。

A.16　　B.19　　C.43　　D.36

9.ARM Cortex-M3 不可以通过(　　)唤醒 CPU。

A.I/O 端口　　B.RTC 闹钟　　C.USB 唤醒事件　　D.PLL

10.ESP8266 Wi-Fi 模块断开现有热点连接的指令是(　　)。

A.AT+CWMODE　　B.AT+CWDHCP　　C.AT+CWQAP　　D.AT+CWSAP

11.CC2530 是面向(　　)通信的一种片上系统,是一种专用单片机。

A.2.2 G　　B.2.4 G　　C.3.6 G　　D.5 G

12.使能 P1_2 端口中断,需将 P1IEN 寄存器的第 2 位置为 1,则下列选项中设置正确的是(　　)。

A.P1IEN |=0x04;　　B.P2IEN |=0x04;

C.P1IEN |=0x02;　　D.P2IEN |=0x02;

13.下列传输方式只有点对点的是(　　)。

A.Wi-Fi　　B.ZigBee　　C.红外　　D.LoRa

14.若有 C 语言语句:char a='\72';则变量 a 中(　　)。

A.包含 1 个字符　　B.包含 2 个字符

C.包含 3 个字符　　D.语句不合法

15.CC2530 单片机的定时器 1 为(　　)定时器。

A.8 位　　B.14 位　　C.16 位　　D.24 位

16.以下是 CC2530 端口 0 方向寄存器的是(　　)。

A.P0SEL　　B.PLSEL　　C.P0DIR　　D.P0INP

17.以下程序的输出结果是(　　)。

```
main( )
{
  int k=0x31;
  printf("%d,%c,%x \n",k,k,k);
}
```

A.49,1,31　　B.31,31,31　　C.31,1,31　　D.49,1,49

18.如图 4-24 所示,STM32 通过 PA0 接 LED 灯,并进行开关 LED 灯操作,则 PA0 口需要设置的工作模式为(　　)。

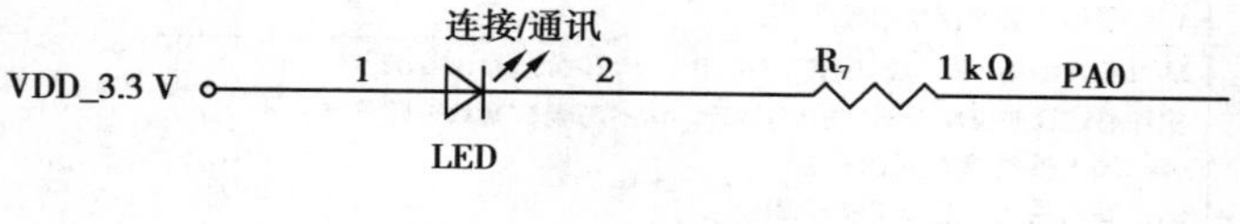

图 4-24　题 18 图

A.推挽输出　　B.开漏输出

C.复用推挽输入　　D.复用开漏输入

19.STM32 ADC 输入信号电压为 1.1 V,已知系统供电为 3.3 V,A/D 转换精度为 12 位,则 A/D 转换结果应为(　　)。

A.33　　B.132　　C.1 365　　D.4 096

20.IEEE 802.15.4 在 2.4 G 频段定义了(　　)个信道。

A.27　　B.16　　C.11　　D.5

二、多项选择题

1.STM32 的系统时钟 SYSCLK 可以由(　　)时钟源驱动。

A.HSI 振荡器时钟　　B.HSE 振荡器时钟

C.PLL 时钟　　D.HLI 振荡时钟

2.STM32 通用定时器 TIM2 可以采用(　　)方式工作。

A.向上计数模式　　B.向下计数模式

C.中央对齐模式　　D.模块模式

3.下列关于 SPI 引脚说法正确的是(　　)。

A.SCK 为时钟信号线,由主机产生

B.NSS 为片选信号线,每个从设备都有独立的一条 NSS 信号线

C.MOSI 为主设备输出引脚,MISO 为主设备输入

D.SPI 可以只使用 MOSI 或 MISO 引脚实现单工通信

4.以下是 C 语言关键字的是(　　)。

A.scanf　　B.printf　　C.enum　　D.struct

5.以下属于 CC2530 单片机振荡器分类类型的是(　　)。

A.低频振荡器　　B.中频振荡器　　C.高频振荡器　　D.超频振荡器

▶任务评价

<table>
<tr><td colspan="2">班级</td><td colspan="4"></td><td>姓名</td><td colspan="2"></td></tr>
<tr><td colspan="2">学习日期</td><td colspan="4"></td><td>等级</td><td colspan="2"></td></tr>
<tr><td>序号</td><td>时段</td><td colspan="5">任务准备过程</td><td>分值/分</td><td>得分/分</td></tr>
<tr><td>1</td><td>课前
（20%）</td><td colspan="5">①按照7S标准着装规范、入场有序、工位整洁（10分）
②准备实训平台、耗材、工具、学习资讯等（10分）</td><td>20</td><td></td></tr>
<tr><td rowspan="2">2</td><td rowspan="10">课中
（80%）</td><td colspan="5">情感态度评价</td><td rowspan="2">10</td><td rowspan="2"></td></tr>
<tr><td colspan="5">小组学习氛围浓厚，沟通协作好，具有文明规范操作职业习惯（10分）</td></tr>
<tr><td rowspan="8">3</td><td colspan="2">任务工作过程评价</td><td>自评</td><td>互评</td><td>师评</td><td rowspan="8">70</td><td rowspan="8"></td></tr>
<tr><td colspan="2">①按照连线图，硬件连接正确（10分）</td><td></td><td></td><td></td></tr>
<tr><td colspan="2">②传感器节点固件下载正确（10分）</td><td></td><td></td><td></td></tr>
<tr><td colspan="2">③传感器节点配置正确（10分）</td><td></td><td></td><td></td></tr>
<tr><td colspan="2">④云平台上项目创建成功（10分）</td><td></td><td></td><td></td></tr>
<tr><td colspan="2">⑤网关接入云平台配置正确（10分）</td><td></td><td></td><td></td></tr>
<tr><td colspan="2">⑥云平台上传感器数据情况正常（10分）</td><td></td><td></td><td></td></tr>
<tr><td colspan="2">⑦NB-IoT模块OLED查看传感器数据情况正常（10分）</td><td></td><td></td><td></td></tr>
<tr><td colspan="7">总分</td><td>100</td><td></td></tr>
<tr><td>备注</td><td colspan="8">A.80~100分；B.70~79分；C.60~69分；D.60分以下</td></tr>
</table>

▶任务小结

请总结本次任务过程中的优缺点，并提出改进计划，写入下表。

完成事项	优点	存在问题	改进计划
任务练习			
任务实施			
其他			

任务四 ZigBee 技术开发应用

▶任务描述

本任务使用 CC2530 单片机实现可燃气体检测的系统。按接线图进行设备安装与部署，使用所给的代码利用 IAR 编程实现 ZigBee 黑板采集可燃气体电压数据，并发送给串口，再通过串口连接到物联网网关的 A1B1 接口，最后由物联网网关发送传感数据至云平台，云平台上显示上报的传感器数据，通过串口调试助手查看可燃气体传感电压数据。

▶任务目标

①能采用 CC2530 单片机技术，搭建可燃气体检测的系统的传感网络；

②能利用 ZigBee 采集可燃气体电压数据发送给串口，再通过串口连接到物联网网关；

③能利用串口调试助手查看传感数据。

▶任务准备

小组讨论并分工合作，核对表 4-6 中需要的实训平台（器件）、实训工具、实训耗材、学习资讯等，将完成情况记入表 4-6 中。

表 4-6 任务准备及完成情况表

准备名称	准备内容	完成情况	负责人
实训平台（器件）	PC 机 1 台、实验平台 1 套、ZigBee 黑板 1 个、可燃气体传感器模块 1 个、物联网网关 1 个、CC Debugger 仿真器 1 个、RS-485 转 232 转接头 1 个、公对公串口线 1 个		
实训工具	工具包 1 套		
实训耗材	网线、导线若干		
学习资讯	任务书、评价表		

▶任务实施

操作视频

①在工程源码目录“..\work\”下创建文件夹 Task，在 IAR 中创建工程 Task 并保存到“..\work \Task”中。

②将考试资源目录下的“ZigBee 基础开发”文件夹中的 test.c 文件添加到工程中，在 test.c中完善代码实现以下功能，ZigBee 模块一上电，所有 LED 灯不亮。每发送一次传感数据时 LED(P1_0)灯闪烁 1 次，补充程序的方法参照项目三。

③设置采集可燃气体传感器电压数据的 ADC 相关参数要求如下:3.3 V 电压,128 位抽取率,单通道 0。

④串口通信要求采用波特率 115200,8 位数据位,1 位停止位,无校验位,无流控。

⑤定时时间要求使用定时器 1,32 MHz 时钟频率,工作模式为模块模式,128 分频,通道 0,定时器的时间周期为 200 ms。

⑥将 ZigBee 模块通过串口线接在 PC 机上,在工程中增加条件编译变量"debug",当有定义过"debug"时,每 2 s 采集一次可燃气体传感器数据并发送到串口,如图 4-25 所示。

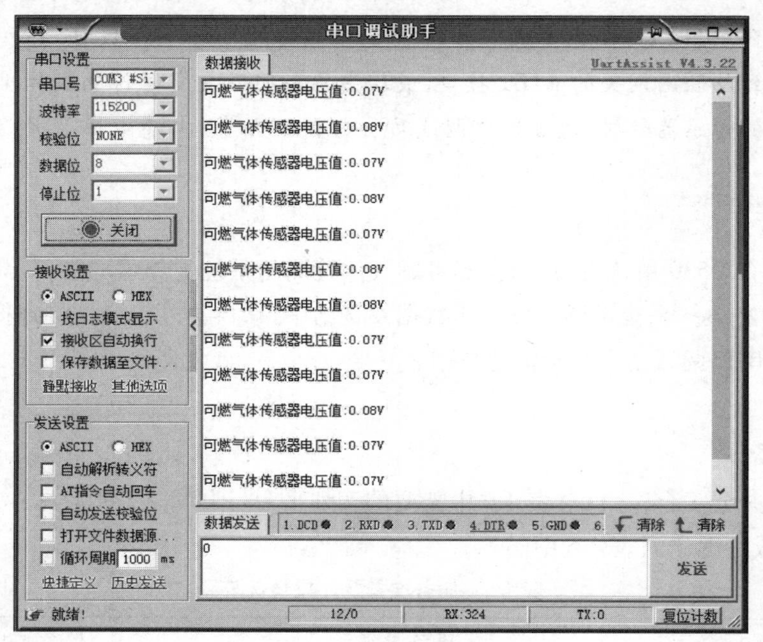

图 4-25　可燃气体传感器数据

⑦将 ZigBee 黑板模块连接到物联网网关的 A1B1 接口,接线图如图 4-26 所示。修改条件编译变量"debug",重新编译、烧写,每隔 2 s 把可燃气体数据按照物联网网关协议帧发送到串口,如图 4-27 所示。

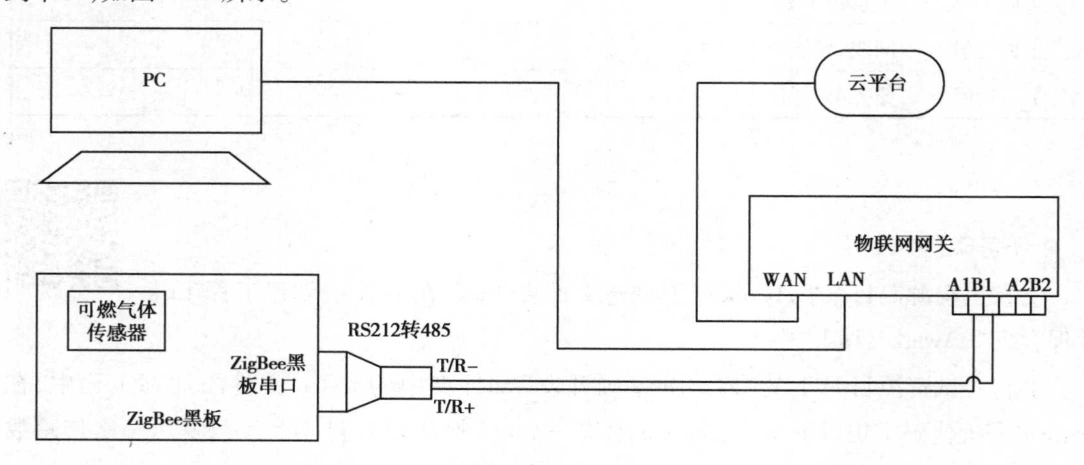

图 4-26　ZigBee 模块连接到网关的 A1B1 接口

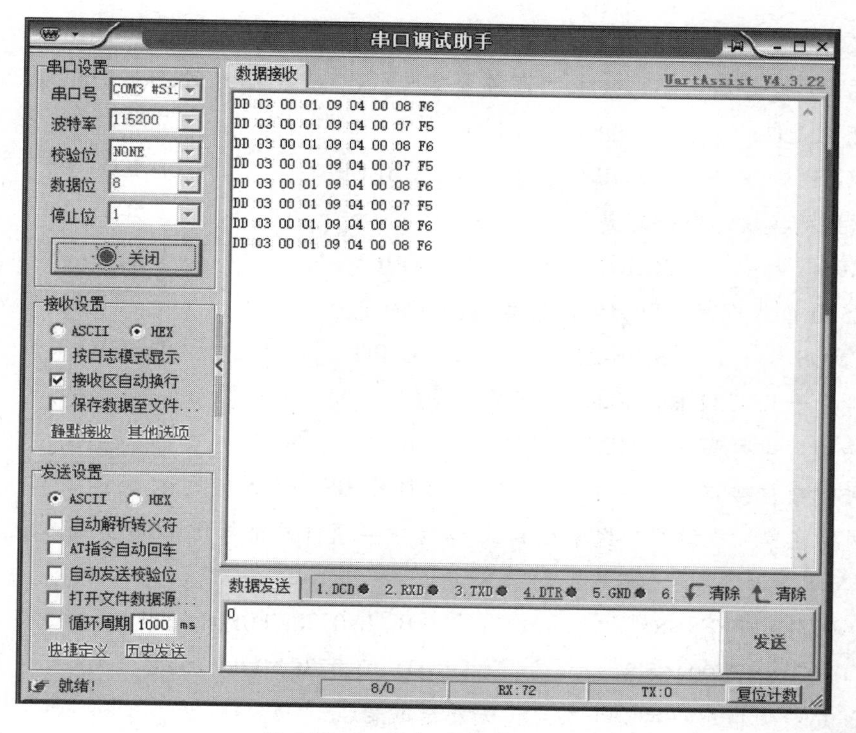

图 4-27　可燃气体传感器数据

⑧以上操作成功并完成后，云平台上相应界面将显示物联网网关在线，并显示出可燃气体传感器实时数据，如图 4-28 所示。

操作视频

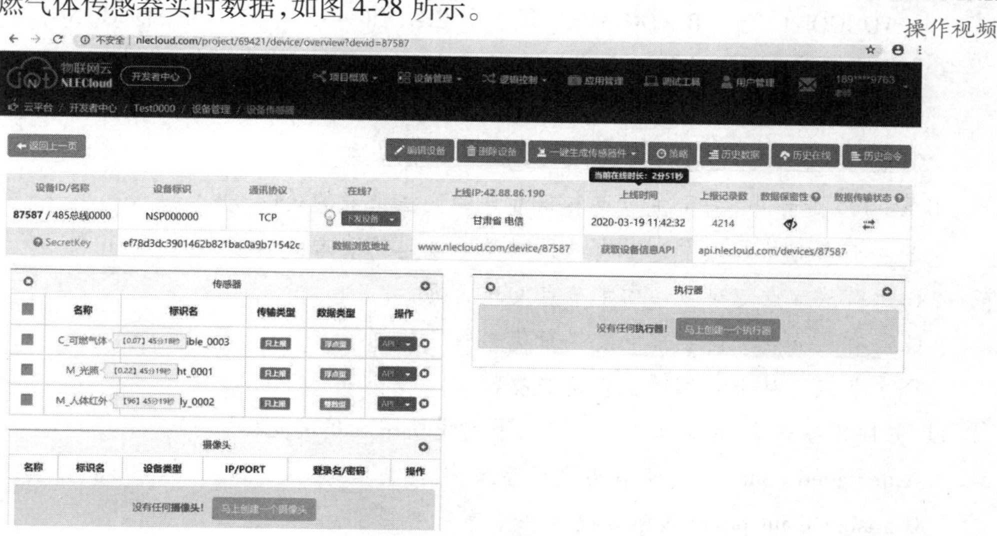

图 4-28　可燃气体传感器数据

▶任务练习

一、单项选择题

1.在 CC2530 单片机中有 3 个 8 位端口，配置端口引脚为输出方向的寄存器是(　　)。

A.PxIEN　　B.PxSEL　　C.Px　　D.PxDIR

2.国际技术联盟负责某项技术的资源分配与标准制定，制定 ZigBee 短距离无线通信技术标准的组织是(　　)。

A.3GPP　　B.ZigBee 联盟　　C.IEEE　　D.ISO

3.物联网的英文名称缩写是(　　)。

A.GPS　　B.IIOT　　C.IOV　　D.IoT

4.CC2530 单片机串口引脚输出信号为(　　)电平。

A.CMOS　　B.RS-232　　C.TTL　　D.USB

5.下列关于 RS-232 接口的说法，正确的是(　　)。

A.传输速率可高达 1 MB/s　　B.单端通信

C.并行数据接口　　D.比 RS-485 通信更远

6.位运算在单片机编程中经常用到，C 语言中要获得无符号 0x0738 的高 8 位的值，正确的运算是(　　)。

A.0x0738&FFFF>>8　　B.(0x0738&F0F0)>>8

C.(0x0738&FF00)>>8　　D.(0x0738&00FF)>>8

7.CAN 总线通信中决定哪个节点优先发送的是(　　)。

A.仲裁段　　B.过载帧　　C.错误帧　　D.遥控帧

8.CC2530 单片机的单个 ADC 转换中，通过写入(　　)寄存器可以触发一个转换。

A.ADCCON1　　B.ADCCON2　　C.ADCCON3　　D.ADCCON4

9.条件编译在各种单片机编程中经常用到，其目的是(　　)。

A.根据条件选择执行　　B.根据条件选择编译

C.根据条件选择链接　　D.以上都是

10.RS-485 通信中，关于主节点与从节点的说法正确的是(　　)。

A.主节点向从节点发送带有地址码与功能码的请求数据帧

B.所有从节点定时主动向主节点发送数据

C.所有从节点都向主节点发送带优先级的数据帧

D.主节点与从节点都随机发送数据帧

11.在 IAR 编程中，用 C 语言编程时，下列说法中正确的是(　　)。

A.unsigned char p，变量 p 占 2 个字节内存

B.unsigned int pdata 表示定义了一个字符变量

C.unsigned char BufRx[128]中，BufRx 就是首地址

D.以上没有正确说法

12.ZigBee 模块的 SW1 电路图如图 4-29 所示，如果中断以下降沿方式监测按键动作，那么在初始化端口时应当(　　)。

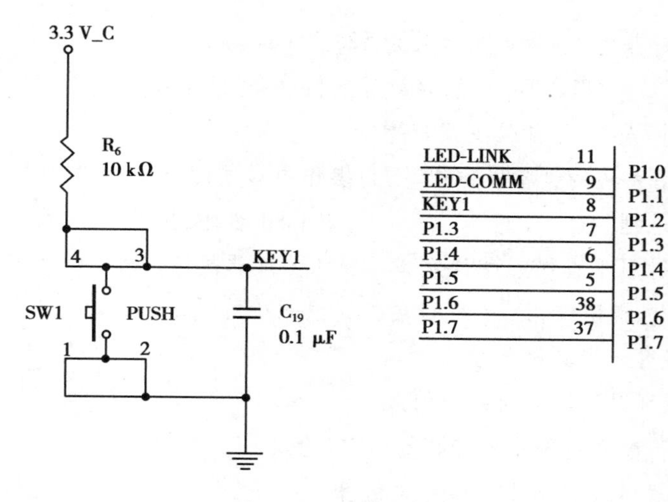

图 4-29　SW1 电路图

A.把 P1_2 设置为三态状态　　B.把 P1_2 设置为下拉状态

C.把 P1_2 设置为上拉状态　　D.把 P1_2 设置为任意状态

13.在 CC2530 中,也叫作 MAC 定时器的是(　　)。

A.定时器 1　　B.定时器 2　　C.定时器 3　　D.定时器 4

14.在 CC2530 的串口通信中,用于选择串口位置的寄存器是(　　)。

A.APCFG　　B.PERCFG　　C.UxCSR　　D.UxUCR

15.在 IEEE 802.15.4 标准协议中,规定了 2.4 GHz 物理层的数据传输速率为(　　)。

A.100 kB/s　　B.200 kB/s　　C.250 kB/s　　D.350 kB/s

16.CC2530 将 18 个中断源划分成 6 个中断优先级组 IPG0~IPG5,每组包含(　　)个中断源。

A.1　　B.2　　C.3　　D.4

17.在 NB-IoT 通信中,如果 MCU 要向 NB86-G 发送数据,所有指令都以(　　)形式发送。

A.TI 指令　　B.C 指令　　C.AT 指令　　D.任意指令

18.在使用 PWM 控制 LED 明暗程度的过程中,如果占空比值越大,则 LED(　　)。

A.先变亮后变暗　　B.先变暗后变亮　　C.越亮　　D.越暗

19.可燃气体传感器中有加热丝,在传感器工作过程中,传感器有(　　)现象。

A.轻微发烫　　B.正常室温　　C.轻微发亮　　D.冒烟

20.下列文件格式中,可以烧写到单片机中并被单片机执行的文件格式是(　　)。

A.c 文件　　B.java 文件　　C.class 文件　　D.hex 文件

二、多项选择题

1.在 CC2530 中,采用 16 MHz 的 RC 振荡器作为时钟源并使用 16 位的定时器 1,则下面关于定时器 1 说法正确的是(　　)。

A.最大计数值为 65 535

B.采用 128 分频时,最大定时时长为 524.28 ms

C.使用 T1CCH 和 T1CC0L 分别存放计数值的高、低位值

D.采用模块模式时,不能使用溢出中断

2.在物联网应用系统的设备操作中,下列操作中错误的是(　　)。

A.串口设备热插、拔　　　　B.USB 热插、拔

C.设备上电时用手直接触摸芯片　　　　D.传感器热插、拔

3.CC2530 单片机模块中,关于 ADC 转换说法正确的是(　　)。

A.P0 端口组可配置 8 路单端输入

B.P0 端口组可以配置 4 对差分输入

C.片上温度传感器的输出不能作为 ADC 输入

D.TR0 寄存器用来连接片上温度传感器

4.下列关于 NB-IoT 的说法,正确的是(　　)。

A.独立部署相对于带内部署与保护带部署技术难度较小

B.通过时间上的重复发送,获得时间增益

C.通过子载波的带宽降低,增加功率,增加覆盖

D.NB-IoT 占用 180 kHz 带宽

5.关于物联网网关的作用,下列说法正确的是(　　)。

A.实现协议转换　　　　B.感知层与网络层的接口设备

C.仅仅是防火墙的作用　　　　D.实现硬件保护

▶任务评价

<table>
<tr><td colspan="2">班级</td><td colspan="3"></td><td>姓名</td><td></td></tr>
<tr><td colspan="2">学习日期</td><td colspan="3"></td><td>等级</td><td></td></tr>
<tr><td>序号</td><td>时段</td><td colspan="4">任务准备过程</td><td>分值/分</td><td>得分/分</td></tr>
<tr><td>1</td><td>课前
（20%）</td><td colspan="4">①按照7S标准着装规范、入场有序、工位整洁（10分）
②准备实训平台、耗材、工具、学习资讯等（10分）</td><td>20</td><td></td></tr>
<tr><td rowspan="2">2</td><td rowspan="10">课中
（80%）</td><td colspan="4">情感态度评价</td><td rowspan="2">10</td><td rowspan="2"></td></tr>
<tr><td colspan="4">小组学习氛围浓厚，沟通协作好，具有文明规范操作职业习惯（10分）</td></tr>
<tr><td rowspan="8">3</td><td>任务工作过程评价</td><td>自评</td><td>互评</td><td>师评</td><td rowspan="8">70</td><td rowspan="8"></td></tr>
<tr><td>①按照连线图，硬件连接正确（10分）</td><td></td><td></td><td></td></tr>
<tr><td>②传感器节点固件下载正确（10分）</td><td></td><td></td><td></td></tr>
<tr><td>③传感器节点配置正确（10分）</td><td></td><td></td><td></td></tr>
<tr><td>④云平台上项目创建成功（10分）</td><td></td><td></td><td></td></tr>
<tr><td>⑤网关接入云平台配置正确（10分）</td><td></td><td></td><td></td></tr>
<tr><td>⑥云平台上传感器数据情况正常（10分）</td><td></td><td></td><td></td></tr>
<tr><td>⑦串口调试助手查看传感器数据情况正常（10分）</td><td></td><td></td><td></td></tr>
<tr><td colspan="6">总分</td><td>100</td><td></td></tr>
<tr><td>备注</td><td colspan="7">A.80～100分；B.70～79分；C.60～69分；D.60分以下</td></tr>
</table>

▶任务小结

请总结本次任务过程中的优缺点，并提出改进计划，写入下表。

完成事项	优点	存在问题	改进计划
任务练习			
任务实施			
其他			

▶项目评价

评价内容	配分/分	得分			总评等级
		自评	组评	师评	
纪律观念	10				A(80分以上) □ B(70~79分) □ C(60~69分) □ D(59分以下) □
学习态度	10				
协作精神	10				
文明规范	10				
任务练习	10				
实践动手能力	30				
解决问题能力	20				
评分小计	100				

▶项目练习

基于ZigBee模块(白板)做基础开发,采用中断的方式开发按键功能,并进行光照度传感数据的采集,把采集到的光照度数据发送到串口,并用串口调试助手查看传感数据。(注意:光敏二极管传感器插在ZigBee模块的传感器插座上,把ZigBee模块放在智慧盒上)

要求如下:

①ZigBee模块一上电,所有LED灯不亮。

②第奇数次按下SW1按键,LED1灯常亮,系统处于工作模式。

③第偶数次按下SW1按键,LED1灯熄灭,系统处于停止模式。

④按键SW1采用中断方式进行控制,上拉输入模式,下降沿触发中断。

⑤完成串口模块初始化设置,波特率115200,8位数据位,1位停止位,无校验位,无流控,可参照此处参数设置串口调试助手以便进行后续数据通信的验证。

⑥系统工作时,调用代码中已提供的get_adc()函数完成光照度传感数据的采集,每隔2 s采集一次(定时器1已被配置好为每50 ms产生一次溢出中断,中断服务函数已提供)。

⑦每次采集到的光照度传感数据通过调用代码中已提供的UART0SendData(参数……)函数发往串口(发送的数据为2个字节,传感数据高位字节在前、低位字节在后),并让LED2灯闪烁1次(点亮约0.2 s,可使用已提供的Delay1Ms延时函数)。